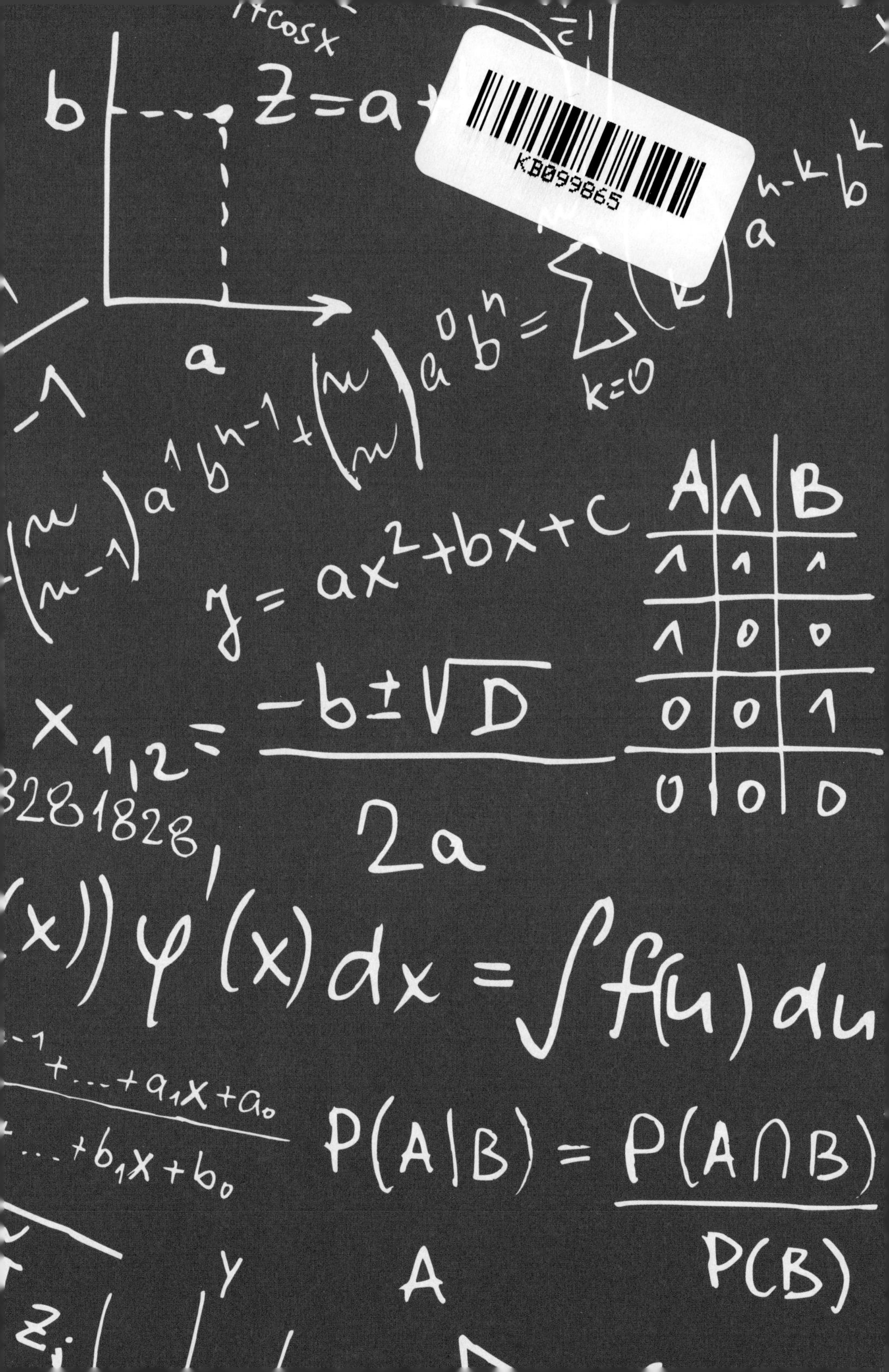
KB099865

$z^n = |z|^n(\cos\varphi + i\sin\varphi)$

$y = \cos x$

$P(A) = \sum p(\omega$

$\omega \in A$

1. $A \cap B'$
2. $A \cap B$
3. $A' \cap B$
4. $A' \cap B'$

A 1. 2. 3. 4. B

$S_n = a$

$V(k,n) = \frac{n!}{(n-k)!}$

$\vec{u} + \vec{v}$

A $\vec{u}$ B $\vec{v}$ C

$(a+b)^n = \binom{n}{0}a^n b^0 + \binom{n}{1}a^{n-1}b^1 + \binom{n}{2}a^{n-2}b^2$

$e =$

$\int f$

$y = \frac{a_m x^m + a_{m}}{b_n x^n + b_{n-}}$

$\bar{z} = \sqrt[n]{z_1 \cdot z_2 \cdot \ldots \cdot z_n} =$

$\lim_{n \to \infty} a_n = a$

$P(A \cap B) = P(A) \cdot P(B)$

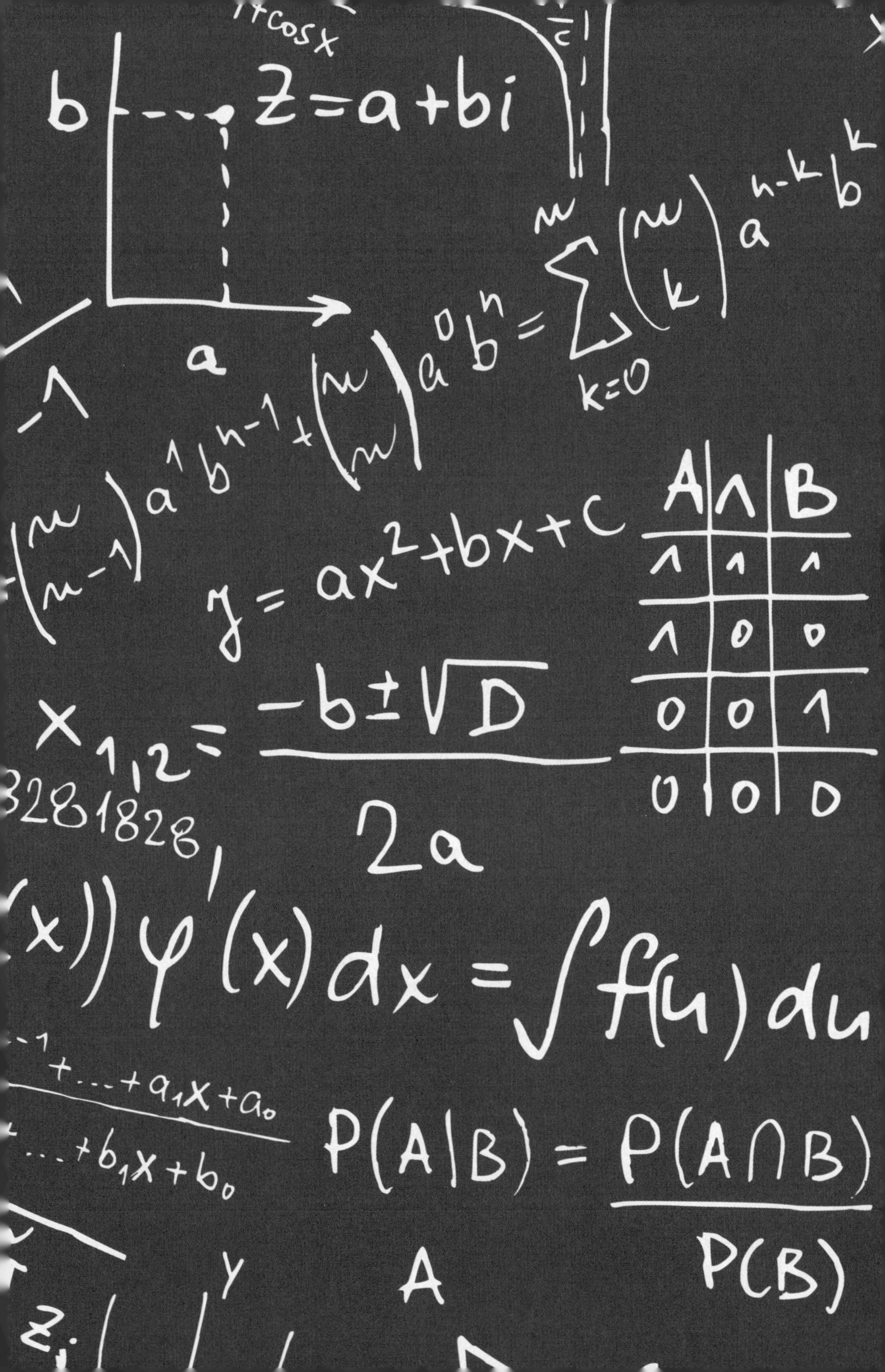
z=a+bi
b
a
k=0
y = ax²+bx+c
A ∧ B
1 1 1
1 0 0
0 0 1
0 0 0
x1,2 = -b±√D / 2a
dx = ∫f(u) du
P(A|B) = P(A∩B) / P(B)
+...+a1x+a0
...+b1x+b0

$y = \cos x$

$z^n = |z|^n (\cos\varphi + i\sin\varphi)$

$P(A) = \sum p(\omega$

4.

1. 2. 3.

A B

$1.\ A \cap B'$ $\omega \in A$

$2.\ A \cap B$

$3.\ A' \cap B$

$4.\ A' \cap B'$

$S_n = a$

$V(k,n) = \frac{n!}{(n-k)!}$

C

$\vec{u} + \vec{v}$

$\vec{v}$

A $\vec{u}$ B

$(a+b)^n = \binom{n}{0} a^n b^0 + \binom{n}{1} a^{n-1} b^1 + \binom{n}{2} a^{n-2} b$

$e =$

$\int f$

$y = \frac{a_m x^m + a}{b_n x^n + b_{n-}}$

$\bar{z} = \sqrt[n]{z_1 \cdot z_2 \cdot \ldots \cdot z_n} =$

$\lim_{n \to \infty} a_n = a$

$P(A \cap B) = P(A) \cdot P(B)$

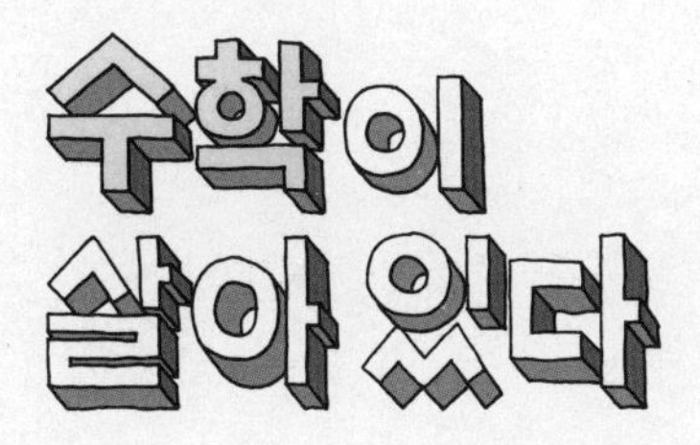
수학이
살아 있다

교과서 속 수학이 깨어난다! 두근두근 신나는 스토리텔링 수학 체험

수학이 살아있다

최수일 · 박일 지음
조경규 그림

3.14

왈

왈

비아북
ViaBook Publisher

'읽으면 도움 되고 안 읽으면 서운한'

부모와 교사를 위한 수학 안내문

아이들이 수학을 너무나 어려워하고 있습니다. 수학을 중도에 포기하는 학생, 일명 '수포자'가 양산되고 그 연령 또한 낮아지고 있습니다. '수포자 바이러스'에는 잠복기가 있는 까닭에 통계상에는 중학생이 가장 많은 것으로 나타납니다. 원인은 시중에 만연하고 있는 기형적인 수학 학습법입니다.

수학은 문제를 '많이' 푸는 게 최고라고 생각하는 학부모들이 참으로 많습니다. 그러나 문제만 많이 풀면 수학의 뿌리이자 중심인 '개념'을 학습하지 못하고 자기 주도성을 확립할 기회를 갖지 못하게 됩니다.

인기 있는 유형별 문제집을 단순히 암기해가며 학습한 아이들은 문제를 풀 때 '어떻게 풀었더라.' 하며 기억에 의존합니다. 그리고 전에 풀어보지 않은 새로운 문제가 나오면 그냥 포기해버리지요. 고2까지는 이러한 방법으로도 학교 내신의 90퍼센트 이상이 커버되지만, 고3이 되면 얘기가 달라집니다. 수능에서는 '새로운 유형'의 문제가 어렵게 출제되기 때문입니다. 이 문제들이 수능 등급을 결정하는 중요한 변수가 되지요.

선행학습 역시 자기 주도성을 앗아가는 원인이 됩니다. 적기(適期)에 배워도 이해하기 어려운 수학 개념이 있는데, 이를 선행하여 학습하면 오죽하겠습니까. 선행학습은 수학에 대한 거부감과 불안감을 지닌 아이에게 '공식'을 단순 암기하도록 하는 것은 물론, 여러 번의 반복 학습으로 수학에 대한 흥미를 떨어뜨립니다. 결국 아이들은 스스로 이해가 불가능하면 이해하려고 노력하기보다 무조건 외워버리는 방법을 택하게 됩니다. 그래서 고등학생이 되면 이해력과 사고력이 현저히 떨어진다는 연구 보고서가 많이 나오고 있습니다.

이런 문제점을 극복하고 수학을 자기 주도적으로 학습하려면 어떻게 해야 할까요? 지금, 효과적이고 단단한 세 가지 수학 학습법을 알려드립니다.

처방전 1. 스스로 체험하게 하라!

수학 교육의 시작은 구체적 조작 활동입니다. 구체적 조작 활동을 통한 수학 학습은 이해를 돕는 것은 물론이요, 그 자체로 아이들에게 인상 깊은 경험이 됩니다. 더불어 자기 주도적인 학습을 가능케 하지요. 교과서로 아무리 잘 배웠어도 자기 주도적인 체험을 이길 수는 없습니다. 온몸으로 부딪치며 체득한 수학은 평생 잊을 수가 없지요.

요즘 우리 아이들은 학교와 학원, 그리고 자습실을 빙빙 돌면서 공부하는 데 너무 많은 시간을 할애하고 있습니다. 지겹고 비효율적인 게 당연하지요. 부담감에서 벗어나 여러 가지 활동을 통해 수학을 느끼는 경험을 해 보면 아이들의 수학에 대한 태도 또한 확실히 달라질 것입니다.

처방전 2. 여러 수학 개념을 연결시켜라!

수학 개념은 거의 모두 연결됩니다. 고등학교 때 배우는 미분은 초등학교 때 배우는 분수 및 비율과 연결되고, 많은 학생들이 어려워하는 삼각함수 역시 초등 과정에서 배우는 비율과 똑같습니다. $(a+b+c)^2$의 전개 공식의 근본 개념은 분배법칙이며, 분배법칙은 곱셈이므로 동수누가의 개념, 즉 덧셈에 연결됩니다. 이 연결성을 파악하면 공부해야 할 양이 비약적으로 줄어듭니다.

미분 앞에서 비율 개념을 떠올릴 수 있는 아이는 사실 새롭게 공부할 것이 없습니다. 이렇게 연결성을 꿰뚫은 아이들은 "수학은 공부할 것이 많지 않고, 공부하는 데 걸리는 시간도 가장 적은 과목"이라며 좋아합니다.

처방전 3. 표현하게 하라!

학습에서 중요한 것은 스스로 정확히 알고 있는지, 모르고 있는지를 구분하는 것입니다. 모르는 부분은 다시 학습하면 됩니다. 문제는 자기가 정확히 알지 못하면서도 안다고 착각하는 것입니다. 그러면 아이가 정확히 이해했는지를 어떻게 확인할 수 있을까요? '설명'을 시켜보면 알 수 있습니다.

아이가 혼자 문제를 풀 때는 문제 풀이 '기술'로 빨리 답만 내고 맙니다. 이것을 공부라 생각하지요. 그러나 남에게 말로 설명해보라고 하면 기술로만 설명할 수는 없습니다. 상대방을 이해시켜야 하므로 개념을 끄집어내지 않을 수 없지요. 이렇게 설명하는 과정에서만 비로소 수학 개념을 다시 생각해내는 강화(強化) 활동이 일어납니다. 또한 말로 설명하다 보면 스스로 생각의 오류를 깨닫기도 하고 부족한 부분도 파악하게 되기 때문에 차후 학습으로 보충이 되지요.

체험을 통해 깨닫고, 수학 안의 연결 고리들을 발견하고, 깨달은 것을 스스로 정리할 수 있게 되면 수학은 걱정할 것이 없습니다. 그런데 구체적으로 어떻게 해야 이러한 학습 과정을 유도할 수 있을까요? 우리는 이런 고민 끝에 아이들과 함께 '수학체험여행'을 다녀왔습니다. 여행지마다 수학을 체험할 수 있는 다양한 활동을 마련했고 일정 자체를 수학적 개념이 연결되면서 확장되는 방향으로 설계하여 아이들이 자연스럽게 연결성을 깨달을 수 있도록 했지요. 끊임없이 이야기를 나누며 아이들이 자기 생각을 표현하게 하고, 수학이 우리 주변에 얼마나 많은지를 깨달을 수 있도록 도와주었습니다. 아이들은 여행을 통해 교과서 속에서만 보던 수학을 교과서 밖으로, 일상으로 끌고 나오는 경험을 하고 돌아왔지요. 이 수학 여행의 의도와 방법, 핵심 체험 내용을 이야기로 풀어 담아낸 것이 이 책《수학이 살아 있다》입니다.

지금 많은 부모들이 '스토리텔링 수학'을 걱정하고 있습니다. 그러나 스토리텔링 수학은 일상생활의 맥락에서 또는 스토리가 있는 상황을 통해서 수학을 스스로 만들어가게 하려는 의도에서 나온 것입니다. 그 용어가 새로울 뿐 내용이 달라진 것은 아닙니다. 그동안 교사들은 아이들의 이해를 돕기 위해 실생활의 맥락에서 동기를 유발하려는 노력을 게을리하지 않았습니다. 그것을 '스토리텔링'이라고 명시적으로 정책화한 것은 이를 좀 더 강조해야겠다는 의지의 표현이라고 이해하면 됩니다.

스토리텔링의 목적은 아이들이 자기 주도적으로 일상에서 수학을 찾아내도록 하는 것입니다. 스스로 우리 주변의 수학을 발견하고 수학적으로 탐구하는 과정이야말로 최고의 수학 학습입니다. 이 책은 여행 현장에서 스토리텔링의 정신을 그대로 구현하고자 한 결과물입니다. 여행에 참여한 학생들은 이렇게 말합니다.

"수학 문제는 교과서나 문제집 속에만 있는 줄 알았는데, 이 여행을 통해서 수학은 책 속에만 있는 것이 아니고 내 일상 도처에 깔려 있다는 것을 깨달았다. 수학이 왜 필요한지 알 것 같다."

– 분당중학교 1학년 이서경

"어렸을 때 수학이라는 과목에 흥미가 있었지만 점점 현실적인 학교 수학을 접하면서 흥미가 떨어질 즈음 이 여행에 참가했고, 다양한 체험과 사고를 통해서 어렸을 때 수학을 좋아했던 기쁨이 되살아난 것 같다."

– 경희중학교 2학년 강승우

"학교에서 배운 것만 알면 실생활에서 제대로 사용할 수 없고, 이해하고 실습해봐야 제대로 알 수 있다. 공식만 외우지 말고 그 과정을 이해하고 계산해야 한다. 수학은 생활에서 덧셈 등 사칙연산만 쓸 건데 왜 배울까 했는데 여러 가지 배운 점이 도움이 될 수 있었다."

– 잠실중학교 1학년 정재윤

"유럽수학체험여행을 마치고 돌아오니 친구들은 그동안 수학 선행을 많이 했다며 자랑을 했다. 그래도 나는 조금도 부럽지 않다. 왜냐하면 나는 그 누구보다 뜻깊은 여행을 했기 때문이다. 나는 에펠탑의 높이 재기와 루브르박물관의 피라미드 높이 재기, 판테온의 구의 지름 측정 등을 통해서 그동안 책에서만 보았던 다양한 수학의 원리와 개념을 실제로 적용할 수 있는 값진 경험을 했다."

– 불암초등학교 5학년 정성현

아이들의 성취감과 자신감이 드러나 보이지요. 이 책은 여행을 다녀오지 않았더라도 독자들이 체험 수학을 생생하게 접할 수 있도록 했고 수학 개념이 학년을 너머 자연스럽게 연결되도록 구성했습니다. 체험 부분에는 '대화체'를 사용하여 '표현하는 수학'의 과정을 담아내려 노력했습니다. 또한 최박사라는 캐릭터를 통해 적절한 개입으로 아이들의 성취감을 높이고 근본 개념에 대한 관심을 유도하는 수학 교육의 전범을 제시하고자 했습니다. 주인공들과 최박사의 대화를 따라가다 보면 자연스럽게 수학 학습의 바른 자세, 즉 자기 주도적 수학 학습법을 익힐 수 있을 것입니다.

아이들의 자기 주도적 학습 습관 형성을 위해 교사나 부모가 해야 할 역할은 정리하여 맨 뒤쪽에 별도로 제공하였습니다. 이 부분은 학생들은 읽지 않아도 되며, 부모가 집에서 아이들의 공부를 도와줄 때나 교사가 학교에서 수업할 때 또는 개인 지도, 상담을 할 때 주의해야 할 내용들입니다. 이 부분의 교육철학은 철저히 구성주의에 입각한 것이며, 자기 주도적 학습만이 가장 효율적인 학습이라는 사실을 염두에 둔 것입니다.

이 책을 통해 지겨움과 어려움의 대명사인 수학 문제집에서 느끼는 스트레스를 날려버리고, 일상에서의 체험을 통해 수학에 대한 흥미와 이해를 높일 수 있는 계기가 마련되기를 간절히 바랍니다.

2014년 최수일, 박일

차례

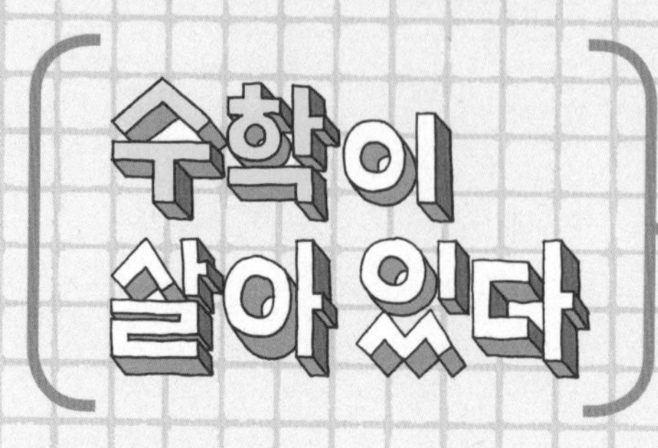

사용 설명서

1. “수학 체험 명장면 미리보기!”

그리니치 천문대부터 산타마리아 델리 안젤리 성당까지! 열두 번의 수학 체험을 시작하기 전에는 항상 미리보기가 등장합니다. 오늘은 어떤 모험이 펼쳐질까요? 여기서 포인트! 아래쪽에는 수학 교과 내비게이션이 있어요. 오늘 배운 개념이 어디까지 연결되는지 한눈에 알 수 있지요.

‘초딩’ 때 배우는 개념이 피타고라스의 정리까지? 놀랄 것 없어요. 수학의 개념은 모두 연결되어 있답니다. 여러분은 ‘초딩 수학’만 할 줄 알면 됩니다. 나머지는 최박사에게 맡기시라~!

2. “우리가 나눈 수학 대화를 공개할게.”

수학 여행 내내 우리는 항상 이야기를 나누었어. 혼자 문제집만 풀 때는 몰랐는데, 확실히 박사님께 말로 설명하다 보니 이해가 더 잘되더라고! 말하다 보면 내가 실수한 걸 깨닫게 되기도 하고. 조금 부끄럽지만 뭐, 어때? 이제 나는 수학 자신감 ‘짱’이라고~!

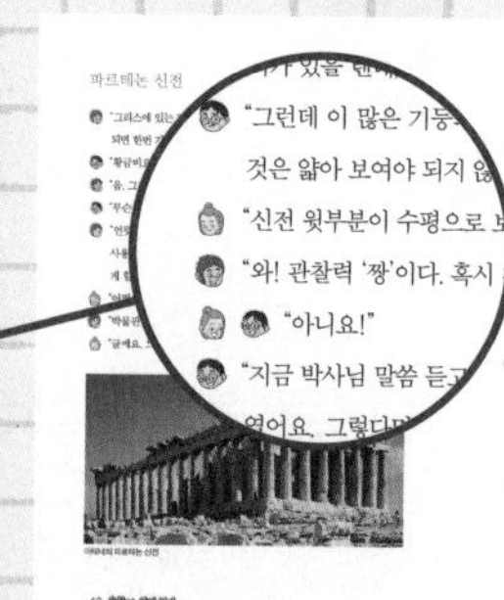

3 “14개의 동영상 아이콘을 찾아라!”

구석구석 숨겨진 동영상 아이콘을 발견하면 이 QR 코드를 스캔해 봐. 깜짝 놀랄 일이 벌어질 거야. 실제 체험 동영상이 펼쳐진단다.

오벨리스크 높이재기 활동부터 산타마리아 델리 안젤리 성당의 자오선 체험까지! 생생한 체험을 즐겨봐.

4. “조금 더 설명이 필요할 땐 수학 카페로 오면 돼!”

수학 체험 때 궁금했던 것, 어려웠던 것이 있었니? 그랬다면 여기를 보면 돼. 최박사님이 내 마음을 읽은 듯이 콕콕 집어 다 설명해놓으셨거든. 박사님 설명을 차근차근 듣다 보니 확실히 이해가 되더라고. 더 알고 싶은 내용도 이곳에서 확인해봐!

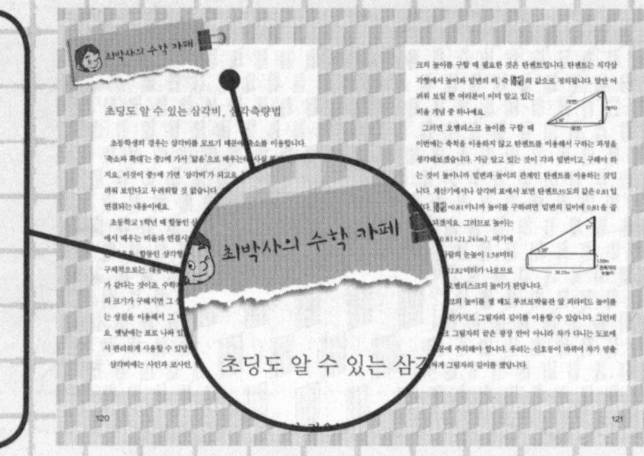

5 “여기는 부모님과 선생님을 위한 공간!”

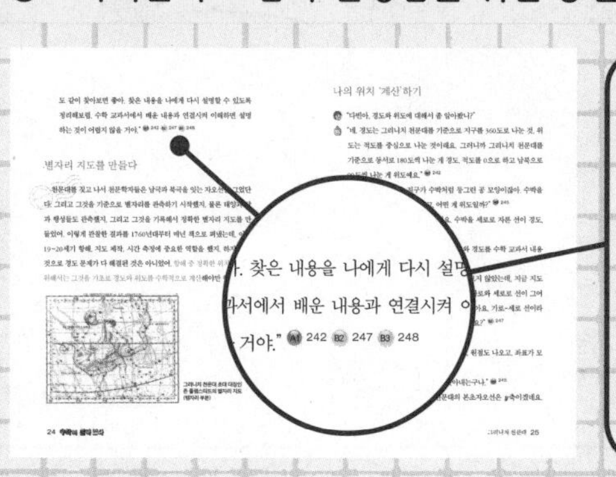

혹시 부모님이나 선생님이 이 책을 탐내신다면 맨 뒷장에 친절한 길라잡이가 있다고 알려주세요. 때로는 어른들도 선생님이 필요한 법이거든요. 알록달록 동그란 표시를 따라가면 내용과 관련된 수학 학습 지도법이 총정리 되어 있답니다.

살아 있는 수학을 찾아서

왈!
왈!

으아~
공부하기 싫어!

나도, 누나.
수학은
너무 지겨워.
맨날 문제만 풀고….

아이참, 할 것은 또
왜 이리 많담? 잠깐
유행하다 없어질 거면서.
계산법

이놈의 지긋지긋한 연산!
많이 풀면 성적이라도 오르던가!
선행학습은 또 뭐야?
그냥 수업 따라가기도
벅차다고!
인도 수학
선행 학습
19단 외우기
연산

얘들아~!
쾅

이제 고생 끝이다!
드디어 수학을 재미나게 가지고 놀
방법을 찾았어!
정말요?
아
그렇다니까!
착한수학

이거예요?
《착한수학》?
착한수학
오오오~!

아니. 이것도
물론 훌륭하지만
딱 너희를 위한
방법을 찾았어.
아, 그게
뭔데요~?
빨리
얘기해
주세요!

아빠가 너희들 이름을
왜 '레오'와 '다빈'이로
지었는지 아니?
아뇨.
레오
다빈

그건 아빠가
학창 시절에 수학을
지지리도 못했기
때문이란다.
엄마야
수학
25

그래서 레오나르도 다빈치
처럼 똑똑한 아이들이
되길 바라는 마음에서
이름을 그렇게 지었지.

이 안타까운 내력을 여기서 딱
멈추게 해줄 분을 모셔왔어.
아빠 선배인 최박사님이야.
안녕?

안녕하세요.
그래.
너희들,
수학이 싫으니?

네.
솔직히 좀 많이
싫어요.
그렇구나.

너희들 혹시 수학의
전설에 대해 아니?
수학의
전설…
이요?

그래. 수학은 사실…
사실 말이야…

살아 있대!

먼 옛날 수학은 세상
모든 곳에 살아 숨쉬고 있었지.
오랜 세월 인간의 일을
도와주었어.
여어~
잘 지내?
그럼!

그런데 언제부터인가
수학이 교과서와 문제집,
시험문제 안에 갇히기
시작했단다.
수학

늦은 밤, 문제집에
귀를 기울이면,
수학의 목소리가
들린대.
수학
꺼내줘.
꺼내
줘어
~

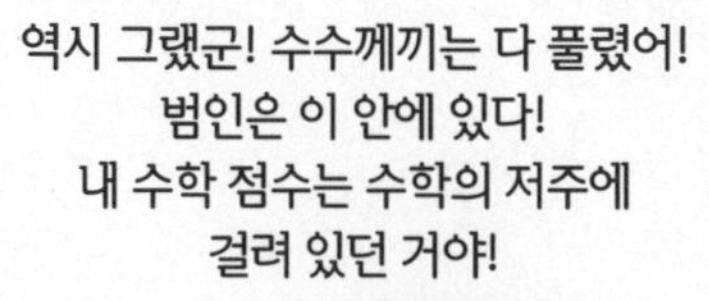

역시 그랬군! 수수께끼는 다 풀렸어!
범인은 이 안에 있다!
내 수학 점수는 수학의 저주에
걸려 있던 거야!

수학을 꺼내주면
제 점수도 올라가나요?
그럼!

교과서 밖으로 수학을 꺼내서 살아 있는
수학을 만나러 가자! 어때?
네.
좋아요!

그런데 뭘
챙겨야 하나?

준비물은 3가지야.
초롱초롱한 눈!
반짝
반짝

쫑긋 세운 귀!
쫑긋!

그리고
각도기와 줄자!
5m

그런 거야
자신 있죠!
출발~!
잘 다녀오렴.
편지할게~.

그리니치 천문대는 본초자오선이 있는 곳이란다. 본초자오선을 만든 이후에 비로소 통일된 세계 시간과 세계지도를 만들 수 있게 되었지. 그런데 본초자오선이 뭐냐고? 한마디로 지구의 경도를 동경과 서경으로 나누는 선이지. 어? 경도는 뭐냐고? 음, 이번 기회에 박사님과 함께 알아볼까?

짠!
내가 먼저
성공!
교과 내비게이션
초2
시각과 시간
초4
각과 각도
초6
공 모양과 구
중1
좌표평면
중3
피타고라스
정리

얘들아, 런던에 잘 도착했니? 비행시간이 열두 시간이나 돼서 지금 많이 힘들 거야. 지금부터는 서울과 런던의 시차에 적응해야 하니 또 며칠 힘들 테고. 아빠도 유럽에 갈 때마다 겪는 문제란다. 그래도 새로운 곳에 대한 설렘이 있으니 시차 문제는 금방 이겨낼 거라 믿는다!

내일부터 본격적으로 여행이 시작될 텐데, 너희가 처음으로 갈 곳은 그리니치 천문대란다. 새로운 것들을 많이 보게 될 거야.

시차 문제가 뭐지?

최박사 "자, 이제 무사히 런던 공항에 도착했다. 그런데 비행기 시간이 이상하네. 아빠는 열두 시간 걸릴 걸로 알고 있는데, 일정표를 보면 겨우 세 시간밖에 안 걸리거든. 인천에서 오후 5시 출발, 런던에 저녁 8시 도착이니까." A4 245

레오 "우리 아빠, 가끔 그래요."

다빈 "그래도 그렇지, 아빠가 아홉 시간이나 착각하셨을까? 유럽 출장을 얼마나 자주 다니시는데. 그리고 우리도 비행기에서 밥을 두 끼나 먹었잖아. 박사님, 혹시 일정표가 틀린 게 아닐까요?"

"누나! 그런데 인천에서 출발한 시간이 분명 오후 5시였어. 런던에 도착한 시간도 저녁 8시 맞고. 도착해서 핸드폰 켜니까 자동로밍 돼서 저녁 8시라고 떴단 말이야. 그러니까 일정표에 나온 시간은 이상이 없어. 박사님! 아빠가 말씀하신 시차 문제가 뭐예요? 그거랑 관련 있는 것 같아서요."

"지금 여기는 해가 져서 어둡잖아. 어디 보자. 아이코, 벌써 저녁 9시구나. 그럼 지금 우리나라는 몇 시일까? 여기 런던과 같이 저녁 9시일까?" B1 246

"아닐걸요? 우리나라는 여기와 반대쪽이니까 지금 거기에는 해가 떠 있을지도 몰라요. 그럼 우리나라는 지금 아침인가? 아니면 한낮?"

"나 대충 알 것도 같아. 일단 우리가 뭐든 생각해서 해결해보자. 박사님께는 우리가 해결 못하는 것만 도움받기로 했잖아. 내일 가는 곳이 그리니치 천문대라고 했지? 이게 힌트가 되겠네. 그리니치 천문대는 세계의 기준이니까. 그럼 영국과 우리나라 위치 차이를 생각하면 시차를 구할 수 있을 거야."

B3 248 B4 249

"아하! 그렇구나. 내가 해볼게. 그런데 뭘 생각해야 하지? 흠, 일단 지구를 해가 한 바퀴 돌면(실제로는 지구가 돌지만) 하루잖아. 하루는 24시간이고, 한 바퀴는 360도. 이 둘 사이의 관계가 답일 것 같아. 그런데 어떻게 하지?"

"지금 우리가 고민하는 게 뭐니? 시차 문제지? 우리나라와 런던 사이의 시간 차이! 그러니까 한 시간이 몇 도 차이인지를 알아야겠네. 한 바퀴, 그러니까 360도를 24시간으로 나누면 되겠지? 계산기 눌러보자. 15네. 그럼 한 시간이 15도라는 거야. 실제로 열두 시간 걸리는 비행시간이 세 시간으로 나타났으니 그 차이인 아홉 시간이 우리나라와 영국의 시차가 되겠다. 한 시간이 15도 간격이라고 했으니까 아홉 시간이면 135도. 즉, 우리나라가 영국 그리니치 천문대보다 135도가 빨라." A1 242

"누나. 나는 아직 잘 모르겠어. 일단 아홉 시간 차이가 일정표에 세 시간으로 나타난다고만 이해하고, 나머지는 내가 더 고민해서 이해하도록 해볼게."

"그래, 그거 참 좋은 생각이다. 스스로 해결할 수 있는 것이라면 도전해봐야지. 그게 바로 자기 주도적 학습 습관이지. 얼마든지 기다려줄 테니 해결할 수 있게 되면 얘기해주렴. 이 문제는 나중에 파리로 이동할 때 다시 나올 거야." A1 242

동방무역이 항해술을 발전시키다

그리니치 천문대는 1675년, 영국의 찰스 2세가 천문 · 항해술을 연구하기 위해 세운 곳이야. 당시 유럽은 대항해시대라는 개척 시대였는데, 그 이전에는 이슬람 세력을 통해 동방과 무역을 하고 있었어. 동방 세계에서 후

추와 같은 향신료나 설탕 등 값비싼 사치품을 사들였지. 그런데 이슬람 세력이 세금을 지나치게 물리며 동방과의 무역을 방해하자 직접 무역할 수 있는 새로운 항로를 개척하게 되었어. 그 과정에서 신대륙을 발견하고 막대한 경제적 이익을 보기도 했지.

하지만 새로운 항로를 개척하는 건 쉬운 일이 아니었어. 위험한 바닷길을 통과해야만 했거든. 바다에는 정해진 길이 없는 데다 예상치 못하게 폭풍우나 암초를 만나게 되면 수많은 사람이 죽거나 재산을 잃고 말아. 그래서 안전한 항로를 찾으려다 보니 지금 배가 어디를 지나고 있는지, 그 위치를 정확하게 알아낼 방법이 필요했어. 그 방법을 찾으려고 많은 고민과 시도가 거듭되었지. 이 문제를 역사적으로 경도 문제라고 한단다. 당시 사람들은 경험적으로 별자리가 하늘에서 규칙적으로 이동한다는 것을 알고 있었어. 그래서 별자리를 이용하여 바다에서의 위치를 알아내려고 천문대를 세웠지.

경도 문제를 해결하라

"박사님! '경도'가 뭐예요?"

"그러게." A1 242

"아빠 편지로 봐서는 위치를 나타내는 무엇 같아요."

"사전지식이 전혀 없으면 내가 설명해도 바로 이해되지 않을 거야. 인터넷으로 자료를 좀 찾아보고 다시 얘기하자. 경도를 찾는 김에 위도도 같이 찾아보면 좋아. 찾은 내용을 나에게 다시 설명할 수 있도록 정리해보렴. 수학 교과서에서 배운 내용과 연결시켜 이해하면 설명하는 것이 어렵지 않을 거야." A1 242 B2 247 B3 248

별자리 지도를 만들다

천문대를 짓고 나서 천문학자들은 남극과 북극을 잇는 자오선을 그었단다. 그리고 그것을 기준으로 별자리를 관측하기 시작했지. 물론 태양과 달과 행성들도 관측했지. 그리고 그것을 기록해서 정확한 별자리 지도를 만들었어. 이렇게 관찰한 결과를 1760년대부터 매년 책으로 펴냈는데, 이게 19~20세기 항해, 지도 제작, 시간 측정에 중요한 역할을 했지. 하지만 이것으로 경도 문제가 다 해결된 것은 아니었어. 항해 중 정확한 위치를 알기 위해서는 그것을 기초로 경도와 위도를 수학적으로 계산해야만 했거든.

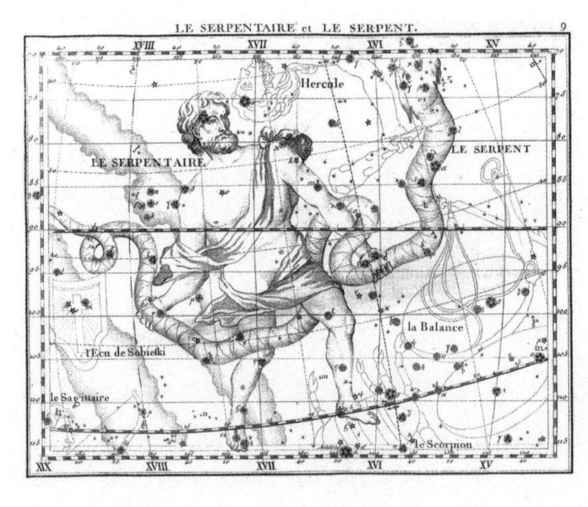

그리니치 천문대 초대 대장인 존 플램스티드의 별자리 지도 (뱀자리 부분)

나의 위치 '계산'하기

"다빈아, 경도와 위도에 대해서 좀 알아봤니?"

"네. 경도는 그리니치 천문대를 기준으로 지구를 360도로 나눈 것, 위도는 적도를 중심으로 나눈 것이래요. 그러니까 그리니치 천문대를 기준으로 동서로 180도씩 나눈 게 경도, 적도를 0으로 하고 남북으로 90도씩 나눈 게 위도예요." A1 242

"수박을 생각해보자. 지구가 수박처럼 둥그런 공 모양이잖아. 수박을 자른다고 하면 어떤 게 경도고, 어떤 게 위도일까?" A4 245

"아하, 그렇게 생각하니 아주 쉬워요. 수박을 세로로 자른 선이 경도, 가로로 자른 선이 위도. 맞죠?"

"그래. 아주 훌륭해. 그리고 하나 더. 위도와 경도를 수학 교과서 내용과 연결시켜보라고 했는데, 해봤니?" B2 247

"정확하게 이해하지 못하고 있어서 시도해보지 않았는데, 지금 지도를 보니까 할 수 있을 것 같아요. 지도에는 가로와 세로로 선이 그어져 있어서 가로 선이 위도, 세로 선이 경도잖아요. 가로-세로 선이라면 중1 때 배운 x축, y축이 생각나는데, 맞아요?" B2 247

"글쎄다. 맞을까?" A4 245

"아닌가요? 맞는 것 같은데. 좌표축 나오고, 원점도 나오고. 좌표가 모두 0이잖아요."

"맞아. 한 번 더 생각하니 혼자서도 찾아내는구나." A4 245

"그러면 적도는 x축, 그리니치 천문대의 본초자오선은 y축이겠네요.

수학이 교과서가 아니라 이런 데 있을 줄이야. 내일 그리니치 본초자오선에 y축이라고 써줄 거예요.” B2 247

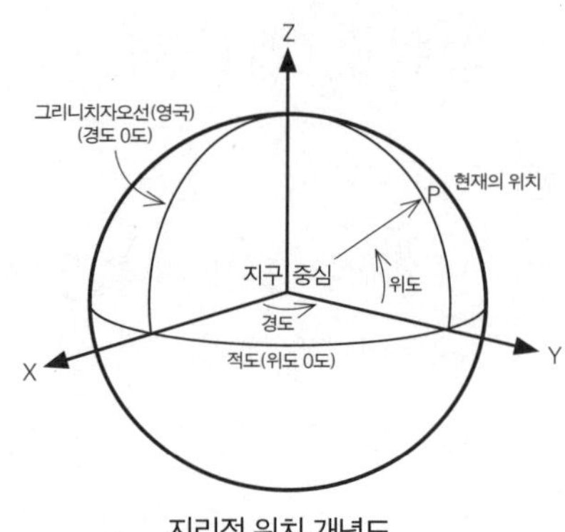

지리적 위치 개념도

“누나! 그런 데 낙서하면 혼나! 그냥 마음속으로만 해. 나 끌려가기 싫단 말이야!”

“박사님. 그러면 위치는 위도와 경도로 나타내면 되고, 움직인 거리는 어떻게 구하나요?”

“그건 너희가 배운 지식으로는 아직 계산할 수 없는 부분이야. 중3 수학에 나오는 피타고라스 정리를 이용해야 하거든. 그런데 이 방법으로도 오차가 생기기는 해. 피타고라스 정리는 평면에서만 성립하거든. 다음 피타고라스 정리를 기억해두자.” C5 255

중학교 3학년 5단원 피타고라스 정리

직각삼각형에서 직각을 낀 두 변의 길이를 각각 a, b라 하고, 빗변의 길이를 c라고 하면 $a^2+b^2=c^2$이다.

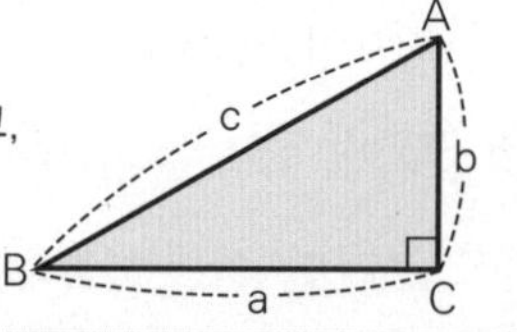

돈 줄 테니 이 문제 해결해줘

천문대가 생기기 전에도 선원들은 나침반으로 위도, 즉 남-북의 위치는 알 수 있었단다. 그런데 동-서의 위치 문제(경도 문제)는 참으로 어려운 과제였어. 영국에서는 이 문제를 해결하는 사람에게 상금 2만 파운드(지금 돈으로는 수백만 달러)를 준다는 법을 만들 정도였지. 그러다 시계를 사용하면 된다는 의견이 나왔어. 출발지의 시간과 현재 있는 곳의 시간을 알면 동-서의 위치도 알 수 있다는 거야. 한 시간이 15도 차이라는 원리를 이용한 것이지.

그 결과로 나온 것이 존 해리슨의 H1이란다. 직접 보면 알 수 있을 거야. 이 사람이 평생에 걸쳐 여기에 얼마나 많은 피땀을 쏟았는지. 이후 성능이 개선되어 H2, H3가 나오게 되는데, H3까지는 크기가 아주 커. 그러다 H4에 이르면 현저히 작아지지. 지금 시계를 생각하면 아무것도 아닌 것 같겠지만 당시에는 정확한 시계를 만들기가 어려웠어. 게다가 항해 중 배가 심하게 흔들리면 기계의 부품이 빠지기도 했고, 습도 때문에 녹슬기도 했지. 점차 기술이 더 발전해서 바다에서도 안심하고 쓸 수 있는 해양정밀시계(chronometer)가 만들어졌단다. 이것과 천문학적 지식이 합해져 바다에서

이게 해시계야?
아스트롤라베는 원래 고대 그리스에서 고안된 천문학 기계로, 동심원을 이루는 금속 링에 해와 달, 별과 행성이 새겨져 있는 모양이야. 복잡한 계산을 하는 대신 링을 움직이기만 하면 되었기 때문에 천문학, 시간 기록, 측량, 항해 등 여러 분야에서 사용되었지. 해시계에 관한 이야기는 이후 대영박물관에서 이어진단다.

아스트롤라베

의 항해가 더 안전해진 것이지. 그리니치 전시관은 이처럼 시간과 위치에 대한 숙제를 풀기 위해 시도된 많은 노력을 보여준단다. 휴대용 해시계인 아스트롤라베와 6분의, 4분의 등도 그런 노력의 결과물이야.

세계의 기준이 탄생하다

그리니치 천문대 앞마당에 길게 뻗은 직선이 있을 거야. 직선을 사이에 두고 발을 벌리고 서봐. 그러면 너희는 동경과 서경을 동시에 딛고 서는 거지. 이 선이 동경과 서경을 나누는 본초자오선이거든. 본초자오선은 서경 0도, 동경 0도인 선으로 남극점과 북극점을 이은 가상의 선이야. 지구상 위치를 정하는 기준선이면서 국제표준시의 기준이 되는 선이지. 그런데 이 본초자오선은 어떻게 정해진 것일까?

자오선을 정한 후에도 당시 영국은 각 지역의 지방 시간을 쓰고 있었단다. 산업혁명이 시작되고 철도가 빠른 속도로 놓이고 있었는데, 출발지인 런던과 도착지인 리버풀의 시간이 달랐단다. 지역마다 각자의 지방시간을 쓰기 때문이었어. 이에 영국은 그리니치 시간을 표준시로 통일하여 이 문제를 해결했단다. 하지만 미국이나 프랑스처럼 큰 나라는 철도회사가 많아서 문제 해결이 쉽지 않았어. 당시 미국에는 아직 표준시의 개념이 없었고 50여 개나 되는 철도 회사마다 철도 시간이 달랐거든. 한마디로 시간의 지배자는 신이 아니라 철도회사였어. 그래도 오랜 논의 끝에 결국 표준 시간을 네 개로 줄여 사용하기로 했단다. 지금도 미국은 네 개의 표준 시간대를 사용하고 있어.

각 나라의 표준시를 정하는 일은 그래도 어려움이 적은 셈이었어. 세계 표준시를 정하는 것에 비하면 말이야. 세계의 표준시를 정하는 데는 각국의 이해와 자존심이 걸려 있었거든. 그중에도 당시 강대국이었던 영국과 프랑스가 본초자오선을 서로 자기네 나라에 두겠다고 다퉜지. 영국과 프랑스는 100년 전쟁을 비롯해서 여러 차례 전쟁을 했던 관계야. 한마디로 서로 앙숙이었어. 이 경쟁에서는 미국의 중재로 그리니치 천문대를 본초자오선으로 정하게 되었단다. 본초자오선이 정해지자 비로소 통일된 세계 시간과 세계지도를 만들 수 있게 되었지.

지도의 가로-세로 줄이 위도와 경도라는 건 이제 알지? 그럼 여기서 오늘의 문제! 지도를 보면서 서울과 파리의 거리가 얼마인지 구해보겠니?

서울과 파리의 거리를 구하려면

"박사님! 서울과 파리의 거리가 얼마나 돼요? 아빠는 우리가 알 수 있을 거라고 하셨지만 저는 잘 모르겠어요."

"아까 말한 피타고라스 정리를 이용하면 될 것 같은데……. 서울과 파리의 위도와 경도를 알면 좌표를 구할 수 있게 되고, 그걸 피타고라스 정리로 계산하면 되는 것 아닐까?"

"맞았어! 아직 피타고라스 정리를 정확히는 몰라도 이용은 할 수 있어. 수학에서는 다 이해한 것만 이용하지는 않거든. 특히 고등학교에 가면 증명할 수 없는 사실을 이용하여 수학 문제를 해결할 때가 많단다. 그런 경우 그 사실을 인정해야 하는데, 이번 기회에 그걸 먼저 경험할 수 있어서 다행이구나. 다음 직각삼각형에서 빗변의 길이를 구할 수 있겠니?" C5 255 B1 246

A
3
B
4
C

"제가 해볼게요.

$3^2 = 9,\ 4^2 = 16.$

이 둘을 더하면 25인데, 25는 5의 제곱이니까 빗변 AB의 길이는 5. 맞나요?"

"글쎄다. 다빈이는 어때? 맞는 것 같니?" A4 245

"글쎄요. 저도 한번 해볼게요. 피타고라스 정리를 써서 구해볼래요.

$\overline{AB}^2 = \overline{BC}^2 + \overline{CA}^2$

$\overline{BC} = 4,\ \overline{CA} = 3.$

$\overline{AB}^2 = 4^2 + 3^2 = 25$

$25 = 5^2$

$\overline{AB} = 5$

레오가 계산한 게 맞네요."

"이야, 수식을 다루는 솜씨가 보통이 아닌걸! 아주 잘했다. 직각삼각형의 직각을 낀 두 변의 길이가 3, 4이면 빗변의 길이가 5가 된다는 사실을 이렇게 알게 된 거야. 피타고라스 정리에 대해서는 자세히 모르지만 단지 그것을 이용하여 또 다른 사실을 알게 된 것이지. 서울과 파리의 거리 계산은 수학 카페에서 해보기로 하자." A4 245

얘들아, 무엇이든 처음은 어렵단다. 너희는 이제 더 넓은 세계를 향해 첫 발걸음을 뗀 거야. 천문대에서 인간의 위대한 여정이 얼마나 오래 계속되었는지를 보았지? **길은 처음부터 있었던 것이 아니란다. 너희 앞에 길이 있는 게 아니라, 너희 뒤에 길이 생기는 거야. 너희가 걷고 나면 길은 그제야 생긴단다.** 아빠가.

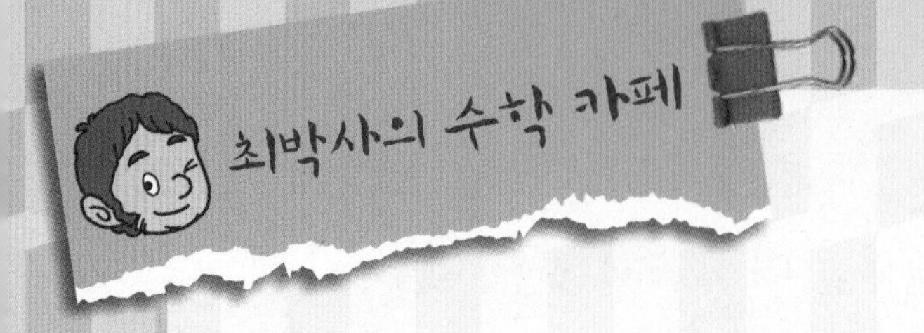

두 지점 사이의 거리 구하기

두 지점의 위도와 경도를 알면 두 지점 사이의 거리를 구할 수 있을까요? 네, 구할 수 있습니다. 경도와 위도가 좌표평면에서는 각각 x좌표와 y좌표가 된다는 얘기를 앞서 했습니다. 그렇다면 두 지점의 경도와 위도를 안다는 것은 두 지점의 x좌표와 y좌표를 아는 것과 같습니다.

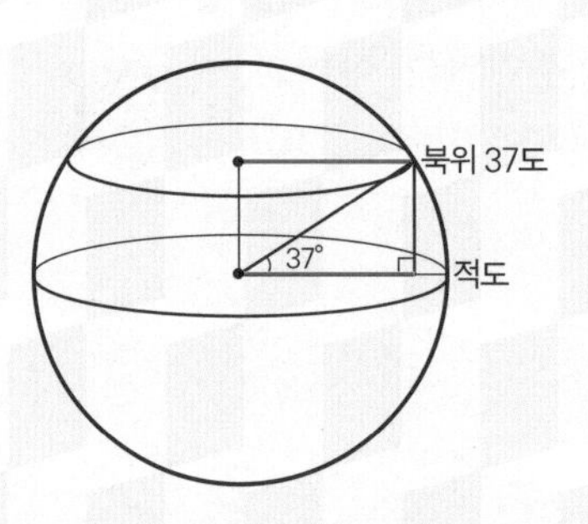

그런데 지구가 평면이 아니기 때문에 경도와 위도를 거리 좌표로 고치는 것은 쉽지 않습니다. 적도의 길이를 40,000킬로미터로 볼 때 경도 1도의 거리는 $40000 \div 360 \fallingdotseq 111.11$이므로 111.11킬로미터입니다. 그런데, 북위 37도에서는 그 거리가 코사인의 값만큼 짧아집니다. 즉 $111.11 \times \cos 37 \fallingdotseq 88.74$이므로 88.74킬로미터가 됩니다. 그러나 위도는 어디서나 1도를 111킬로미터로 칩니다.

두 지점 A, B을 각각 A, B라 하면 좌표평면에 다음과 같이 나타납니다. 그러면 두 지점 사이의 거리는 그림에서 선분 AB의 길이가 되겠지요. 그런데 중2까지의 수학으로는 이 길이를 구할 수가 없습니다. 이 길이를 구하기 위해서는 피타고라스 정리를 이용해야 하는데, 아직은 피타고라스 정리를 이해할 수 없으니 지금은 그 결과만을 이용하도록 합시다.

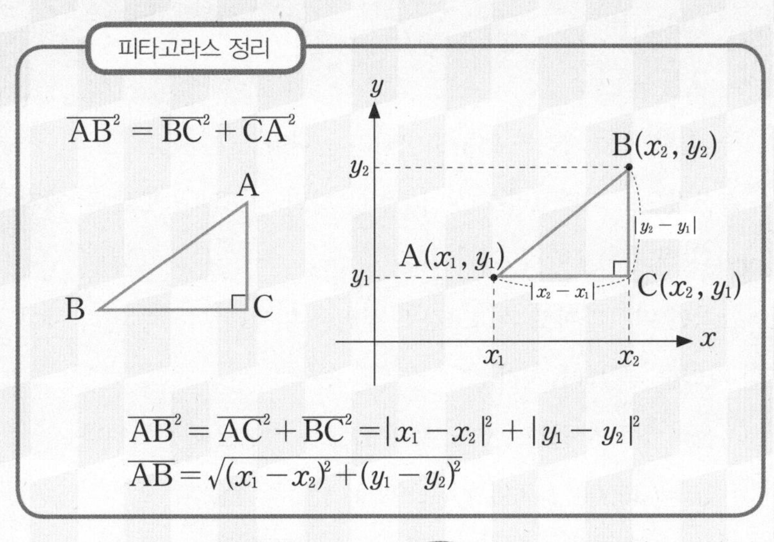

예를 들어 배가 처음 떠난 항구가 A(10, 12)였고, 나중 배의 위치가 B(22, 17)이었다고 해봅시다.

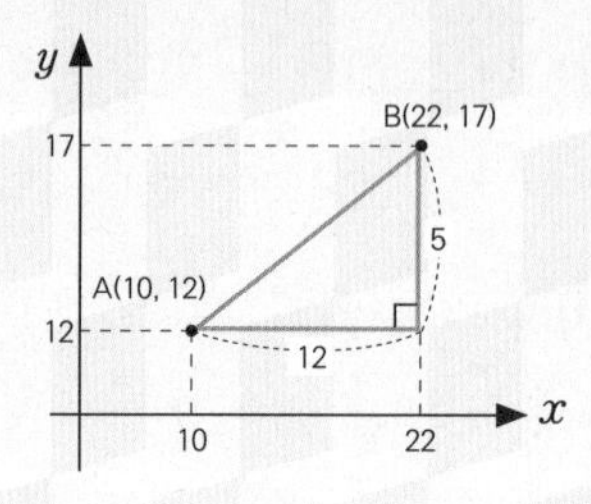

$$\overline{AB}^2 = (22-10)^2 + (17-12)^2 = 12^2 + 5^2 + 144 + 25 = 169$$

$$169 = 13^2$$

$$\overline{AB} = 13$$

즉, 배의 이동 거리는 13킬로미터가 됩니다.

결론적으로 피타고라스 정리를 이용하면 경도와 위도로 두 지점 사이의 거리를 구할 수 있답니다.

그러면 마찬가지로 피타고라스 정리를 이용해 서울과 파리 사이의 거리를 계산해봅시다.

서울의 위치인 동경 127도, 북위 37도를 좌표로 환산합니다.

$$x = 40000 \div 360 \times \cos 37 \times 127 \fallingdotseq 11270$$

$$y = 10000 \div 90 \times 37 \fallingdotseq 4111$$

서울의 좌표는 S(11270, 4111)이 됩니다.

파리의 위치인 동경 2도, 북위 49도를 좌표로 환산합니다.

$$x = 40000 \div 360 \times \cos 49 \times 2 \fallingdotseq 146$$

$$y = 10000 \div 90 \times 49 \fallingdotseq 5444$$

파리의 좌표는 P(146, 5444)가 됩니다. 이제 피타고라스 정리를

서울 광화문의 도로원표

이용하여 계산해봅시다.

$$\overline{SP}^2 = (146-11270)^2+(5444-4111)^2 = 125520265$$

$$\overline{SP} \fallingdotseq 11204$$

서울과 파리 사이의 거리가 약 11,204킬로미터임을 알 수 있습니다. 그런데 서울 광화문에 위치한 도로원표(道路元標)에는 서울에서 파리의 거리가 8,976킬로미터라 되어 있습니다. 수치가 왜 같지 않을까요? 그건 앞에서 말한 대로 서울과 파리가 평면 위에 있지 않고 구면 위에 있기 때문입니다. 이 부분은 전문적이고 복잡하기 때문에 자세한 사항은 관심 있는 독자들 몫으로 남겨두겠습니다.

교과 내비게이션

초1 수와 숫자 → 초2 시각과 시간 → 초4 각과 각도 → 초6 비율과 황금비 → 중3 이차방정식

02

세계가 한자리에 대영박물관

대영박물관은 세계 최대의 박물관으로 손꼽히는 곳이지.
고대 그리스와 로마, 고대 이집트에 이르기까지 다양한 유물들이 전시되어 있단다.
특히 박물관 입구에 웅장하게 서 있는 기둥을 잘 살펴보렴.
거기에 비밀이 숨겨져 있다는데, 찾아낼 수 있을까?

이제 천문대에서 템스 강을 건너 대영박물관으로 가겠구나. 도중에 많은 공원과 광장이 있을 텐데, 영국에서는 공원에 골대 두 개만 세우면 축구장이 되고, 네트 하나만 세우면 테니스장이 되고, 구멍 하나만 만들면 골프장이 된다고들 해. 그만큼 생활과 운동이 하나가 되어 있지. 또 런던은 길이 좁은 편인데, 그건 마차가 달리던 길을 아스팔트로 포장하여 도로로 쓰기 때문이야. 마차가 방향을 돌리는 넓은 공간은 지금 광장이 되었고.

대영박물관에서 이집트를 만나다

좁은 길을 지나 대영박물관에 도착하면 넓은 마당이 나온단다. 그곳에서 대영박물관을 바라보면 그리스 신전에 온 듯한 기분일 거야. 안으로 들어가면 유리로 덮인 공간이 나오는데, 연속된 삼각형 구조물에 붙어 있는 유리 천장으로 외부의 빛이 들어온단다.

박물관에서 처음 만나는 곳은 이집트관이야. 그중 가장 붐비는 곳은 로제타석 앞이지. 로제타석은 프랑스의 나폴레옹 군대가 영국군과의 전쟁 중에 이집트에서 발견한 유물인데 고대 이집트의 상형문자가 쓰여 있어 연구 자료로 가치가 높았단다. 이 로제타석을 영국군이 빼앗아버린 것이지. 그런데 로제타석에 있는 상형문자를 해석한 사람은 프랑스인 장 샹폴리옹이야. 그 사람 때문에 이집트 고대문자의 비밀이 풀렸지.

다음에는 람세스 2세의 두상과 조각상들이 너희를 기다린단다. 생각해봤는지 모르겠지만 그 조각들은 모두 앞을 보고 있단다. 이집트인들이 사후 세계를 믿었기 때문인데, 그들은 사람이 죽으면 심판을 받은 후에 그 혼은 다시 자신의 몸으로 돌아온다고 생각했어. 이때 얼굴을 정면으로 보고 자신의 몸을 확인한다는 거지. 또 람세스 2세의 가슴 옆을 보면 구멍이 나 있는데, 이건 프랑스군이 람세스 2세의 두상을 가져가려고 뚫었던 구멍이란다.

나폴레옹의 무너진 꿈

나폴레옹은 대륙 제패를 꿈꾸며 이집트, 시리아로 원정전쟁(1798~1801)을 떠났단다. 라이벌인 영국을 견제하기 위한 꿍꿍이도 있었지. 그러나 나일 해전에서 영국 넬슨 제독에게 함대를 섬멸당하며 완패하고 말아. 그때 원정에 동반된 수많은 학자들이 그 지역의 유적과 유물을 연구해와서 유럽에 소개했단다.

로제타석. 프랑스군이 떠놓은 밀랍 탁본을 기초로 20년 동안 상형문자의 암호를 연구하고 해독할 수 있었다. 이 비문을 해석한 샹폴리옹은 12개 이상의 언어를 유창하게 구사할 수 있었다고 한다.

상형문자

"박사님! 상형문자가 뭐예요? 어디서 들은 것 같기는 한데, 기억이 안 나요."

"공부는 필요할 때 하는 것이 가장 효과적이란다. 무슨 말인고 하니, 상형문자라는 말을 처음 들었을 때는 그게 그 당시 너희들 생활이나 삶 또는 경험과 별 관련이 없었기 때문에, 즉 남의 생각이었거나 흘러가는 지식 정도였기에 기억에 남지 않은 것이지. 자주 접하는 게 아니기 때문이기도 하고. 그래서 제일 좋은 공부는 현장성, 현실성이 있는 공부란다. 로제타석 앞에서 상형문자를 이해하면 이제부터 상형문자에는 너희가 경험한 로제타석이 연관되기 때문에 그 기억이 장기 기억 속으로 들어가 아무 때나 꺼낼 수 있게 되는 거지." C2 251

"박사님! 상형문자에도 숫자가 있었나요? 어디서 들은 것 같기도 한데……. 그새 레오 너한테 옮았나 봐. 들은 것 같은데 기억이 안 나네."

"상형(象形)문자라는 것은 글자 그대로 물체의 형상을 본떠 만든 문자란다. 그런데 여기에도 숫자가 있었어. 숫자도 물체의 형상을 띠고 있지. 이 부분은 수학 카페에서 다시 얘기해줄게."

그리스의 등대가 이곳에

이집트관 다음은 그리스관이란다. 그리스관의 유물 중에는 목이 없는 조각상들이 참 많지. 그런데 이렇게 어마어마하게 넓은 곳에 모아놓은 것들이 전부 파르테논 신전 한 곳에서 뜯어온 것이라면 믿을 수 있겠니? 파르테논 신전 장식조각 대부분이 여기에 있고, 다른 일부는 루브르 박물관에 있어. 파르테논 신전은 그리스가 페르시아와의 전쟁에서 이긴 것을 기념하여 세운 신전이야. 정말 화려했던 그리스 전성기를 대표하는 유적이지. 그런데 그 화려한 신전의 장식조각들을 영국의 엘긴 경이 오스만튀르크 지배하에 있던 그리스에서 가져온 거야. 오스만 제국의 허락도 없이 강제로 떼어온 거지. 원래 파르테논 신전은 아크로폴리스 언덕의 정상에서 등대 역할을 했다는데, 만약 박물관에 있는 조각들이 지금 제자리에 있다면 파르테논 신전은 얼마나 더 아름다울까.

3전 3승! 페르시아전쟁
페르시아가 그리스를 침공한 전쟁으로, 3차에 걸쳐 일어났어. 제1차 원정(B.C. 492)에서 페르시아가 300척의 전함과 2만 명의 군사를 잃고 패한 것을 시작으로 '마라톤 평야의 전투'로 유명한 제2차 원정(B.C. 490)에서도, 제3차 원정(B.C. 480)에서도 페르시아가 패하며 그리스가 끝끝내 승리하였지.

엘긴마블스. 엘긴 경이 파르테논 신전에서 강탈해온 대리석 조각들이다.

파르테논 신전

"그리스에 있는 파르테논 신전은 많이 들어보지 않았니? 나중에 기회가 되면 한번 가보렴. 그런데 파르테논 신전이 왜 유명한지 아니?" B1 246

"황금비요. 가로와 세로의 비가 황금비라고 들은 기억이 나요."

"음, 그래. 파르테논 신전에는 건축 비밀이 있어." B1 246

"무슨 비밀인데요?"

"언뜻 봐서는 잘 모를 수 있는데, 일단 기둥에 배흘림이라는 방법을 사용했어. 항아리처럼 가운데 부분을 두껍게 하고 위로 갈수록 가늘게 함으로써 사람들의 착시 현상을 보완하고자 한 기법이지."

"어떻게 착시 현상이 일어나는 거예요?"

"박물관을 좀 보자. 높은 기둥을 봐봐. 기둥이 항아리처럼 보이니?"

"글쎄요. 느낌이 없는데요. 그냥, 밋밋해요."

아테네의 파르테논 신전

"느낌이 없다는 것이 바로 착시 현상이야. 큰 건물에서 기둥의 길이가 길면 중앙부가 얇아 보이거든."

"아하! 그러니까 중앙부를 두껍게 만들었기 때문에 우리 눈에 얇아 보이지 않는 거로군요. 결국 착시 현상을 보완했다기보다는 착시 현상을 고려하여 만듦으로써 보는 사람이 안정감을 갖게 하고 있어요."

"그래, 맞아. 잘 정리해주었어. 앞으로도 착시 현상에 대해 경험할 기회가 있을 텐데, 그때 다시 파르테논 신전을 떠올려주면 좋겠구나."

"그런데 이 많은 기둥의 두께가 모두 같아 보여요. 본래 저 멀리 있는 것은 얇아 보여야 되지 않나요?"

"신전 윗부분이 수평으로 보이는데, 혹시 이것도 비밀 중 하나?"

"와! 관찰력 '짱'이다. 혹시 책 읽고 왔니?" A4 245

"아니요!"

"지금 박사님 말씀 듣고 민감해져서 주의 깊게 바라보니까 그런 게 보였어요. 그렇다면 의도적으로 바깥쪽 기둥을 가운데 기둥보다 두껍게 만든 건가요?"

"그렇지. 두께를 실제로 재어보면 확인할 수 있겠지." A4 245

"그럼 윗부분은, 수평으로 만들면 가장자리가 내려가는 것처럼 보이니까 이것을 보완하기 위해 가운데 부분을 낮추고 가장자리로 갈수록 올라가게 만들었다는 거네요. 그래서 우리 눈에는 수평으로 보이는 거고. 와! 대단해요."

"2,500년 전 사람들이 어떻게 그런 고민을 했는지 잘 이해되지 않겠지만, 너희들이 발견한 바로 그대로야. 신전 아랫부분도 마찬가지고. 아랫부분도 수평으로 보이지? 착시 현상을 고려한 건축물이나 물건은 로마에도 있으니까 그때 또다시 얘기하도록 하자."

"네! 그럼 파르테논 신전의 황금비는 무엇인가요?"

"레오가 한번 얘기해보자." A1 242

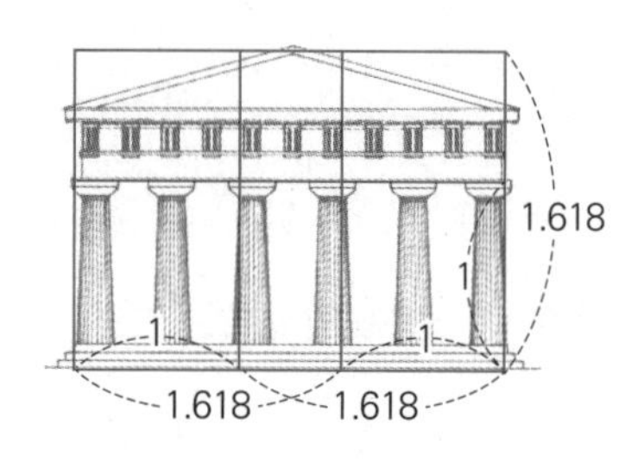

"황금비는 1 : 1.618, 약 5 : 8의 비를 말하는 건데, 신전의 가로와 세로의 비? 아니 거꾸로 세로와 가로의 비가 5 : 8이겠네요."

"실제 파르테논 신전은 가로가 약 30미터, 세로가 약 18.5미터란다.

$$30 \div 18.5 \fallingdotseq 1.62$$

그러니까 거의 정확하게 황금비를 이루고 있는 것이지. 그래서 아름답게 보이기도 하고 안정적으로 보이기도 하고. 너희가 가지고 있는 물건이나 지금 여기 보이는 것 중에서 황금비를 찾아보거라." A4 245

"박사님이 주신 명함?"

"교통카드! 그리고 비너스."

"누나 키에서 배꼽 윗부분과 아랫부분."

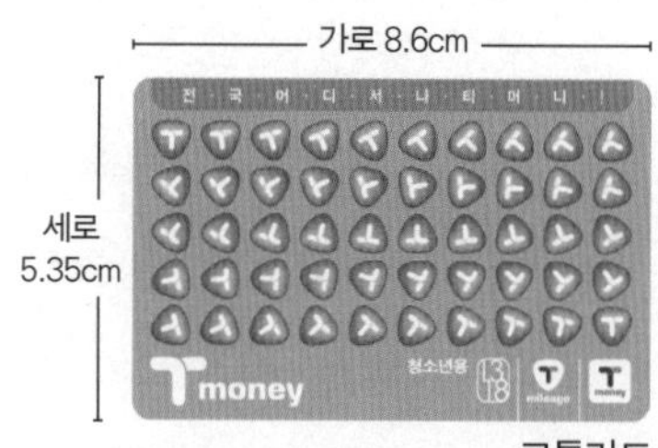

교통카드

"네 얼굴에서 세로와 가로의 비율."

"아이고, 끝이 없겠다. 황금비가 아닌 걸 찾는 게 더 쉽겠어. 그런데 황금비는 어떻게 만들어졌을까?" A4 245

"글쎄요. 그건 모르겠는데요."

"파리 루브르박물관에서 더 많은 황금비를 찾은 후 다시 정리할 계획이니 그사이에 인터넷이나 한국에서 가져온 책으로 황금비에 관해 좀 더 공부해두면 좋겠지." B3 248

무덤이 축구장 절반 크기라고?

세계에서 가장 큰 무덤은 뭘까? 너희가 알고 있듯이 바로 피라미드지. 그런데 피라미드보다는 작아도 축구장 절반 정도 되는 크기의 무덤이 있단다. 그것도 대영박물관에!

바로 네레이드 제전이야. 한번 찾아보렴.

무덤이 크다는 것은 무덤의 주인이 매우 힘 있는 인물이라는 의미지. 이 무덤의 주인공은 기원전 4세기경 그리스와 페르시아 사이 리키아라는 지역의 지배자였단다. 죽은 다음에도 무덤을 통해 자신의 힘을 과시하고 싶었던 거야. 그런데 무덤 이름이 왜 네레이드일까?

네레이드는 요정 도리스와 네레우스의 딸로, 바다의 요정이야. 네레이드는 '젖은 사람'이라는 뜻이고. 사원 앞에 있는 세 개의 조각상이 네레이드지. 참으로 아름다운 조각상이란다. 물에 젖은 상태로 옷을 걸치고 있는 모습인데, 특히 좌우 양쪽 조각상에 옷이 밀착된 상태가 아주 사실적으로 표현되어 있어. 이렇게 무덤의 기둥 사이에 있는 조각상들 이름이 곧 무덤의 이름이 된 거야.

시간을 찾아서

시간을 우리 마음대로 지배할 수 있을까? 아무래도 그건 불가능한 일이겠지. 대신 시간을 정확하게 측정하는 것은 가능할 거야. 이를 위해 노력해온 흔적을 이미 그리니치에서 보았지? 그 결과물이 바로 시계였고. 대영박물관에서는 그리니치 천문대에서보다 더 많은 시계를 볼 수 있단다.

시계를 만들기 전에는 어떻게 시간을 알았을까? 쉽게는 해를 기준으로 밝음과 어두움을 구별했을 거야. 조금 길게는 달이 기울고 차는 것이나 자연 속 계절 변화로 알았을 테고. 그러다 시간이 일정한 규칙대로 반복된다는 것을 알게 되었지. 그래서 낮과 밤, 계절, 1년이라는 개념을 갖게 되었고, 점차 시간의 개념을 구체화시키며 시간 재는 방법에 대해서도 생각하게 된 거야. 그렇게 처음에는 해시계나 물시계로 시간을 측정하다 기계적인 장치를 생각해내기에 이르렀는데, 그게 바로 시계였지.

시계 얘기가 나와서 말인데, 특히 아들! 여행 마치고 돌아와서는 아침마다 너 깨우는 데 애먹지 않게 좀 해주렴. 부탁한다, 아들. 그나저나 아빠가 깨우면 눈 뜨자마자 핸드폰으로 시간부터 보던데, 어때? 시간이 아주 정확하지 않니? 1초도 안 틀리지. 그런데 15~17세기에는 시계에 하루 15~30분 정도의 오차가 있었어. 17세기 중엽에 만들어지기 시작한 진자시계는 하루에 1분 정도 오차가 있었고. 그건 시계의 종류와 작동 원리 때문이야.

시골 할아버지 댁에서 진자시계 본 적 있지? 밑에 추가 달려 있는 시계 말이야. 이건 나중에 피사와 피렌체, 로마에서 마주칠 갈릴레이와도 관련이 있단다. 진자시계는 추가 한 번 흔들릴 때마다 추 위의 갈고리가 톱니

고급 나무 케이스를 씌운 시계.
부유한 가정에서 장식용으로 사용되었다.

젖 짜는 사람과 소 모양의 자동 시계. 부유한 고객들에 의한 시계 패션이 절정에 달했던 16세기 말 제작된 작품이다.

배 모양 자동 시계. 24시간마다 감는 태엽 장치 시계로 시간마다 소리를 내도록 설계되었다.

월일이 표시되는 진자시계

프레임이 없어서 '해골' 시계라 불리는 진자시계. 금속인 시계추가 바깥 기온의 영향을 받지 않게 하려 팽창하는 정도가 다른 금속을 조합하여 제작했다.

를 하나씩 움직이게 되어 있어. 수정시계라는 것도 있는데, 수정에 전기를 흘리면 초당 32,768번 진동하거든. 진동이 일어날 때마다 톱니가 돌아가게 되어 있지. 초침이 360도를 도는 동안 분침은 1분만큼 움직일 거야. 그런데 그게 과연 몇 도일까? 또 분침이 시계 한 바퀴를 도는 동안 시침은 몇 도를 움직일까? 박사님과 함께 한번 알아보렴.

또 다른 시계로 원자시계가 있단다. 공식적으로는 세계에 다섯 개가 있어. 세슘원자를 이용한 것인데, 세슘원자가 마이크로파를 받으면 진동하는 원리야. 초당 무려 91억 9,263만 1,770번 진동한단다. 지금까지 인간이 만들어낸 것 중 가장 정확하지. 텔레비전에서 9시를 알릴 때도 이걸 기준으로 삼는 거야.

분침이 한 바퀴를 도는 동안 시침은 몇 도를 움직일까?

"박사님! 분침이 한 바퀴를 돌면 60분이니까 한 시간이잖아요. 시침이 12에 있었다고 하면 1에 오게 되는 거니까 그 사이가 몇 도인지를 묻는 것이죠?"

"누나! 내가 해볼게. 잠깐만 기다려줘. 시침이 시계 한 바퀴를 도는 데는 열두 시간이 걸리고, 한 바퀴는 360도니까 이럴 때는 무슨 계산을 해야 하나? 12÷360인가? 아니, 360÷12인가 보다. 그럼 30도네."

"박사님! 저는 3시가 90도니까 90을 3으로 나눠서 30이라고 구했는데, 동생이랑 제가 한 방법 중 어떤 게 맞나요?"

"둘 다 맞아. 6시가 180도라는 것을 이용할 수도 있고. 문제를 해결하는 방법은 다양하니까. 다양한 해결법을 찾는 것도 수학에서는 중요한 사고란다. 요즘 아이들이 수학 공부 하는 모습을 보면 하나의 답만 빨리 찾고서 그다음 문제를 풀려고 하는데, 그보다는 한 문제를 다양하게 풀어보는 게 훨씬 재미있단다. 그리고 사고력을 키워야 커서도 많은 일을 해내는 능력을 갖추지 않겠니? 그런 의미에서 문제를 좀 바꿔보자. 1초에 분침이 움직이는 각도는 얼마일까?" A4 245

"누나, 이것도 내가 먼저 해볼게. 근데 1초에 분침은 아주 조금밖에 움직이지 않을 텐데, 각이 있기나 한가요? 0도라고 하면 될까요?"

"0도라면 아예 움직이지 않는다는 뜻이잖아. 그럴 리가 있겠어? 분침은 한 시간에 한 바퀴를 도니까 360도, 한 시간은 60분.

$$360 \div 60 = 6$$

그러니까 1분 동안 분침은 6도 움직인다. 1분은 60초니까, 1초에는 60÷6=10. 10도? 맞나요?"

"왜 60을 6으로 나눴니?" A3 244

"6을 60으로 나누려니까 나누는 수가 커서 반대로 나눴죠."

"완전 조금 움직일 텐데, 그 눈 깜짝할 사이에 10도나 돌아?"

"아! 60초에 6도를 움직이니까, 6을 60으로 나누는 게 맞구나.

$$6 \div 60 = \frac{1}{10}$$

즉 0.1도 움직이는 거네요. 정말 조금이다." A1 242

"0.1도면 맞는 것 같다. 거봐, 내가 '쬐끔'이랬지! 박사님, 이건 제가 푼 거나 마찬가지예요. 누나는 중간에 틀렸잖아요."

"같이 해결한 거라고 해두자. 둘이 대화하면서 협력한 거잖아. 앞으로는 국제적으로도 협업(協業)을 중시한다고 하는데, 너희 둘도 서로 힘을 합해 어려운 문제를 해결하는 공부 습관을 들이면 어떻겠니?" B4 249

"네, 박사님! 잘 알겠습니다. 같이하면 어려운 문제가 더 잘 풀릴 것 같아요."

"그럼, 말 나온 김에 시계에 관한 문제를 하나 더 풀어볼까?" A4 245

"좋아요. 우리 둘이 힘을 합해서 해결해볼게요." B4 249

"그래! 좋다. 일본 후쿠오카현 어떤 마을 광장에서 색다른 기계 장치의 시계를 본 적이 있단다. 시침과 분침이 일치하는 순간마다 커다란 시계 속에서 할아버지와 아이가 나와 종을 치고 피에로가 춤을 추더구나. 여기서 문제! 일단 낮 12시에 종을 치겠지. 종을 치는 바로 다음 시각을 예측하는 것이 문제야."

"진짜 그런 시계가 있어요? 그런데 너무 어렵다. 누나, 알겠어?"

"아니. 전혀 모르겠는걸. 종을 치는 때는 시침과 분침이 일치하는 때고, 12시 다음에 일치하는 시간을 구하라는 거지?"

"우선 시계를 그려보자. 컴퍼스를 이용하면 원을 그릴 수 있지. 4등분해서 90도씩 나누고 다시 세 개로 나누는 거야. 누나, 그냥 1시가 아닐까?"

"아니지. 1시에는 시침은 1에 있지만 분침이 12에 있잖아. 1시를 넘을까, 아니면 1시 이전일까?"

"낮 12시에 만났다가 둘이 떨어지면 시침보다 분침이 먼저 돌잖아. 그럼 시침은 뒤에서 느릿느릿 따라가고. 그러니까 1시가 될 때까지는 둘이 만날 수가 없어."

"그럼 1시가 넘는다는 뜻? 그렇구나. 고마워. 그럼 1시부터 생각해보자. 1시 5분인가?"

"아냐! 1시 5분이면 분침이 1에 딱 맞지만 그 5분 사이에 시침이 조금이라도 돌잖아. 그러니까 1시 5분도 아니야. 그럼 1시 5분보다 조금 더 되는 시간이니 1시 6분인가 보다. 박사님! 구했어요. 1시 6분! 제가 맞혔어요."

"수고했다. 어떻게 구했는지 설명해줄래?" A1 242

"12시부터 1시까지는 분침이 먼저 가버리고, 이후에도 분침이 빨리 가니까 시침과 분침은 점점 더 벌어져요. 그러다 1시가 되면, 이때 시침은 1에 있고 분침은 12에 있어요. 다시 분침이 움직이기 시작해서 5분이 되면 1에 정확히 오게 되고, 이때 시침은 5분만큼 움직이니까 조금 더 오른쪽으로 돌게 돼서 아직 만나지 않아요. 이제 조금만 더 돌면 되니까 1분 더해서 1시 6분! 맞죠?"

"아닌 것 같은데. 6분 근처는 맞을 것 같은데 꼭 6분이라고 할 수 있는 근거가 부족해. 다시 생각해보자."

"그렇기는 하네. 정확하다고 볼 수는 없지. 이번에는 정확히 구할 거야. 기다려줘."

"일치한다는 것은 움직인 각이 같다고 보면 되겠다. 각도로 구해야겠어. 분침은 한 시간에 360도 움직이니까 1분에 도는 각은 360÷60=6. 6도네. 이때 시침은 한 시간에 30도를 움직이니까 1분에 도는 각은 30÷60=$\frac{1}{2}$. 0.5도가 나오는구나. 이 둘 사이의 관계를 이용하면 될 것 같다."

"누나! 고마워. 그 각을 이용하면 내가 할 수 있을 것 같다. 잠깐만, 아이고. 잘 모르겠다. 누나가 해봐."

"나도 머리만 아프고 해결 방법이 떠오르지 않아."

"쉬운 문제가 아니로구나. 이쯤에서 포기할까?"

"안 돼요. 조금만 도와주세요. 힌트를 많이 얻으면 우리가 푼 것이 아니게 되니까, 조금만요."

"바늘이 움직이는 것을 그림으로 그려보면 어떨까?" A4 245

"그림이요? 아하, 수학 교과서에서도 때로 그림을 그려보라고 하던데. 제가 그려볼게요. 1시부터 해볼까? 1시에 두 바늘 사이의 각은 30도. 이때부터 1분마다 분침은 6도, 시침은 $\frac{1}{2}$도씩 돈다. 1시 □분에 만난다고 하면, □분 동안 분침은 6×□만큼 움직이고, 시침은 $\frac{1}{2}$×□만큼 움직인다. 그럼 식을 어떻게 세워야 하지?" B2 247

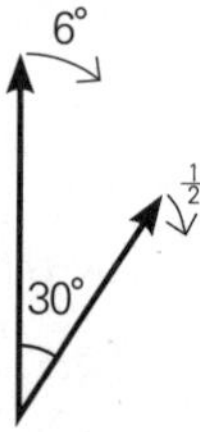

"잠깐만. 이제 내가 할 수 있을 것 같아. 1시 □분에 두 바늘이 일치하니까 이때 분침이 움직인 각도와 시침이 움직인 각도가 같으면 되지 않을까? 그러면 식이 6×□=30+$\frac{1}{2}$×□가 되겠다. 이해돼?"

"알 것 같아. 계속해봐."

"□를 한쪽으로 모으기 위해 오른쪽의 □를 없애자. 양쪽에서 $\frac{1}{2}\times□$를 빼주면 되겠다.

$$6 \times □ - \frac{1}{2} \times □ = 30 + \frac{1}{2} \times □ - \frac{1}{2} \times □$$

오른쪽은 □가 사라져서 이제 30만 남으니까 왼쪽을 계산해봐야겠네. □가 똑같이 있으니까 분배법칙을 쓰자.

$$6 \times □ - \frac{1}{2} \times □ = \left(6 - \frac{1}{2}\right) \times □ = \frac{11}{2} \times □$$

$$\frac{11}{2} \times □ = 30$$

왼쪽의 $\frac{11}{2}$을 없애기 위해 역수인 $\frac{2}{11}$를 양쪽에 곱하자.

$$\frac{11}{2} \times □ \times \frac{2}{11} = 30 \times \frac{2}{11}$$

$$□ = \frac{60}{11}$$

그러니까 정확한 시각은 1시 $\frac{60}{11}$분이겠네. 1시 5분은 넘고 6분은 안 되고. 5분과 6분 사이에 만나는데, 정확한 값은 $\frac{60}{11}$분이라고 하면 될 듯."

"누나! 듣다 보니 생각난 게 있는데, 이렇게 하면 안 돼? 1시에 두 바늘 사이의 각이 30도잖아. 근데 분침은 1분에 6도, 시침은 1분에 0.5도를 도니까 1분마다 두 바늘 사이가 5.5도씩 줄어든다는 거야. 그러면 분침이 1시에 벌어진 30도만 좁히면 일치하게 되니까 $\frac{30}{5.5}$이 답일 것 같은데, 왜 누나랑 답이 다르지?" B4 249

"잠깐, 네 아이디어가 더 멋진걸. $\frac{30}{5.5}$이라……. 아, 분자와 분모에 동시에 2를 곱하면, $\frac{60}{11}$이잖아. 와! 똑같아졌다. 네 생각과 내 생각이 달랐는데 어떻게 결과가 똑같지? 신기하네. 박사님! 누가 맞은 거예요?"

"누나, 아까 박사님께서 그러셨잖아. 수학 공부를 하는 기본자세! 다양한 풀이와 방법을 찾아라. 그래야 사고력이 자라서 나중에 큰일을 할 수 있다!"

"그렇지. 둘이 협력하여 큰일을 해냈네. 상당히 어려운 문제였는데. 머리는 좀 아팠을 테지만 정확히 해결해냈어. 다양한 방법도 찾았고. 기분이 어때?"

"그림 그려보라는 힌트 없이 해결했다면 더 기쁠 텐데, 힌트 때문에 조금 덜 좋아요." B3 248

"하지만 그림 그리라는 힌트는 사실 결정적인 단서는 아니었다고 생각해요. 그래서 정말 기분 좋고 뿌듯해요. 성취감 '짱'! 수학 문제를 이렇게 푸니까 수학이 정말 좋은 과목 같아요. 생각도 많이 하게 되고. 중학교 올라오니 교과서도 그렇고 문제집도 그렇고 다 예제를 보고 풀게 되어 있더라고요. 근데 그걸 보고 푸는 법을 익히면 금방 까먹거든요. 그래서 저는 예제를 메모지로 가리고 제 노트에 처음부터 풀기 시작해요. 이렇게 공부하면 다른 아이들보다 진도는 느리지만 한 번 공부한 것을 다시 공부할 필요가 없더라고요. 결국 더 효과적이에요. 아이들은 어떻게 푸는지를 고민하는데, 왜 그렇게 풀어야 하는지를 생각해야 하는 것 아닌가요?" B3 248

"정말 옳은 얘기야. 모두들 입으로는 자기 주도적 학습이 중요하다고 하면서 실제로는 자기 주도적이지 않은 공부가 유행하고 있지. 풀이집을 옆에 펴놓고 공부하는 버릇은 좋지 않아."

"헤헤, 제가 공부하는 걸 보셨나 봐요. 제가 꼭 그렇게 공부하는데. 모르는 게 나오면 궁금하거든요. 그래서 바로바로 풀이집 보면 쉽게 풀리기도 하고 진도도 빨리 나가요. 그런데 박사님 말씀 들으니 방법을 바꿔야겠어요. 사실 꼭 중요한 것이 기억나지 않아 시험 때마다 몇 개씩 틀리거든요. 왜 공부를 여러 번 하면서도 매번 틀리는지 이제 알 것 같아요."

시계, 다 같은 게 아니라오

시계가 영어로 뭔지 아니? watch와 clock, 둘 다 시계란다. 그런데 차이가 있어. watch는 호주머니에 넣고 다니거나 손목에 차는 시계처럼 작은 시계를 말하고, clock은 괘종시계, 벽시계, 뻐꾸기시계처럼 크기가 커서 고정되어 있는 것을 말할 때 쓰거든. 그런데 예전에는 지금처럼 누구나 시계를 가질 수 있는 게 아니었단다.

15~17세기에 시계는 사치품이었어. 교회, 왕족, 귀족들만 가질 정도로 귀하고 값이 비쌌지. 그래서 시계는 시간 측정 도구이기 전에 높은 신분이나 많은 재산의 상징이었어. 그러다 1657년에 진자시계가 나오면서 정확한 시간 측정이 가능해졌는데, 아직 일반인들에게 시계는 소유하기에 너무 먼 당신이었어. 17~18세기가 되어서야 시계 만드는 사람이 늘어나고 시계 가격이 떨어졌단다. 그래서 상인계급과 부유한 농민도 시계를 갖게 되었지. 그리고 19세기 접어들면서는 시계가 유럽과 미국에서 흔한 물건

이 되었지. 박물관에 시대를 대변하는 시계들이 다양하게 전시되어 있을 거야.

아빠는 너희들이 대영박물관에서 마주하게 되는 과거를 그저 흘러간 일로만 넘기지 않기를 바란단다. 현재의 모습은 언제나 과거가 쌓여서 이루어진 것이거든. 박물관은 그것을 보여주는 곳이고. 시간은 흐르면서 언제나 흔적과 자취를 남긴단다. 누구에게는 영광의 모습으로, 누구에게는 상처의 흔적으로. **시간의 흐름이 너희에게는 어떤 모습으로 남길 원하니?**

아빠가.

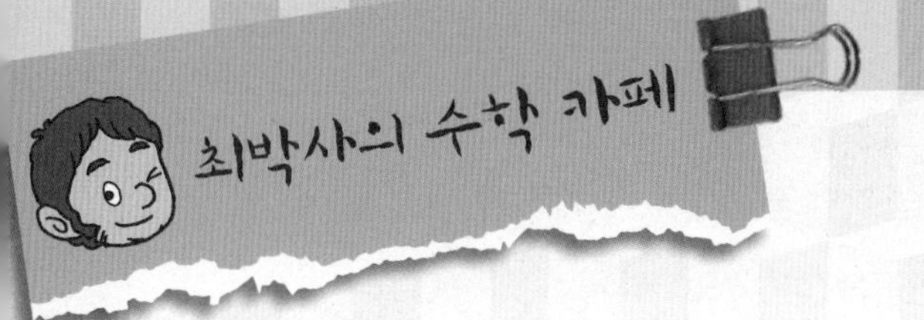

여러 가지 숫자

상형문자를 사용한 이집트에서는 숫자도 물체의 형상으로 나타냈는데, 10씩 늘어날 때마다 새로운 형상을 만들어 사용했습니다. 쐐기문자를 사용한 바빌로니아에서는 숫자에도 쐐기 모양을 사용한 것을 볼 수 있지요.

이집트

바빌로니아

우리가 지금 사용하는 숫자는 아라비아숫자입니다. 아라비아 사람들이 만든 게 아니고 인도 사람들이 만들었어요. 아라비아 사람들이 중세 시절 상인으로서 이 숫자를 많이 사용하며 유럽에 전파했기 때문에 아라비아숫자라고는 하지만 사실 주인은 인도 사람들이지요. 그래서 요즘은 인도-아라비아숫자라고 합니다.

그런데 자주 사용하지는 않지만 숫자 중에는 로마숫자나 한자도 있습니다. 로마숫자는 아직 시계 등에 남아 있지요. 또 유럽 여행을 하다 보면 건물에 준공연도와 완공연도가 기록된 것을 볼 수 있는데 로마숫자인 경우가 있습니다.

예를 들어 건물 입구 왼쪽에는 MCMVIII, 오른쪽에는 MCMXIII이라고 쓰여 있다면 이 건물은 언제 완공되었고 건축 기간은 얼마나 될까요? 알 수가 없지요! 왜냐하면 로마숫자는 각각의 숫자가 의미하는 바를 알아야 하기 때문입니다.

이탈리아 중앙은행 벽면에 로마숫자로 표기된 건물 준공연도(왼쪽)와 완공연도(오른쪽)

로마숫자는 5 단위로 기호를 사용했어요. 1은 I, 5는 V, 10은 X, 50은 L, 100은 C, 500은 D, 1,000은 M으로 나타냈답니다. 그리고 5나 10에서 하나 부족한 수, 즉 4나 9를 나타낼 때는 모자란 만큼의 수를 앞에 붙여서 표현했어요. 그러니까 4는 IV, 9는 IX, 40은 XL, 90은 XC, 400은 CD, 900는 CM으로 쓴 것입니다.

그러면 이 건물의 완공연도와 건축 기간을 이제 구할 수 있을까요? 1908년에 공사를 시작하여 1913년에 완공되었군요. 건축 기간은 6년이고요. 인도-아라비아숫자로 바꾸니 계산이 되지요? 로마숫자 계산이 쉽지 않은 것은 익숙하지 않은 탓이기도 하지만 여기에는 또 다른 이유가 있답니다. 곱셈을 한번 해보지요. 1년을 시간으로 고치려 들면 인도-아라비아숫자로는 365×24라는 계산이 필요하고 보통은 세로셈으로 구구단을 적용하면 결과가 나옵니다. 그런데 이 계산을 로마숫자로 하게 되면 어떨까요? CCCLXV×XXIV? 난감하지요.

우리가 잘 아는 한자도 마찬가지입니다. 곱셈을 하려면 아주 곤란하지요. 인도-아라비아숫자가 많이 사용되고 있는 이유는 계산의 편리함 때문인 것입니다. 알아야 할 포인트가 한 가지 더 있어요. '333'은 세 자리의 수가 모두 3이라 해도 각 수의 자릿값은 서로 다르다는 점입니다. 처음의 3은 백의 자리니까 300, 가운데 3은 십의 자리니까 30, 마지막 3은 일의 자리니까 3을 나타내는 것이에요. 한자로는 4,259를 四千二百五十九로 씁니다. 복잡하지요? 한자로 더 큰 수를 써볼까요? 그만두는 게 좋겠지요.

03 천장은 높게 창은 넓게 노트르담 대성당

노트르담 대성당은 높~~은 천장과 커다란 창문이 특징적인 아름다운 성당이야. 고딕 양식으로 지어진 대표적인 성당이란다. 뾰족한 첨탑과 아치 모양 덕분에 공간이 솟아오르는 듯한 느낌이 들지. 이렇게 할 수 있었던 것은 모두 'OOOO' 덕분이라는데, OOOO가 뭘까? 찾아보렴. 흐흐.

교과 내비게이션

초2 길이와 높이 → 초4 각과 각도 → 초6 공 모양과 구 → 중1 속도와 거리 → 중3 삼각비

애들아, 런던 여행은 즐거웠니? 유로스타로 파리까지 오는 여정은 어땠니? 아빠는 잠시 옛날 로마의 카이사르 장군이 프랑스(옛 갈리아)에서 영국(옛 브리타니아)으로 두 번에 걸친 정복 전쟁을 떠날 때를 상상해보았단다. 당시에는 지금처럼 비행기나 동력선이 없었어. 물론 해저 터널을 달리는 유로스타도 없었지. 카이사르는 북해의 거친 바람과 험한 조류를 뚫으며 도버해협을 건넜을 거야. 너희는 그 바닷길을 건너는 대신 파리까지 직행하는 고속열차로 2시간 만에 대서양을 건넜고. 이제 만나게 될 파리는 노트르담 대성당과 루브르박물관, 개선문, 튈르리 정원, 콩코르드 광장이 있는 아름다운 도시란다. 동시에 역사의 흔적이 곳곳에 배어 있는 도시지.

'2시간 만에' 간다고요?

"일정표를 보자. 런던에서 17시 31분 출발, 파리에 20시 47분 도착. 세 시간이 넘는구나. 그런데 아빠는 왜 두 시간 정도라고 했을까?" B1 246

"저 이제 알아요. 한 시간 차이가 나는 걸 보니 런던과 파리의 시차가 한 시간 정도인 게 분명해요. 그런데 그 짧은 거리에도 시차가 생기나요? 가만있자, 파리가 런던의 동쪽인가요? 아니, 서쪽인가? 아휴, 헷갈려. 한국 떠날 때부터 비행기가 동쪽으로 나는지 서쪽으로 나는지가 헷갈리더라고요. 이번 여행이 끝날 때까지는 확실히 알아내야겠어요."

"아하! 실제로 시간을 재보면 되겠다. 우리가 직접 체험해볼 수 있는 부분은 스스로 해결하자고. 그럼, 이제 파리에 도착해서 판단해보자."

C1 250

유로스타와 함께 파리 상륙!

"와! 아빠 말씀이 딱 맞았어. 2시간 10분 정도 걸렸으니까. 그럼 내 시계는 아직 저녁 8시가 되기 전이니 런던과 파리의 시차가 한 시간이라는 결론을 내도 좋겠지?"

"그럼 파리는 런던보다 한 시간 빠르고, 그리니치 천문대에 있는 본초자오선이 0도니까 파리는 36도?"

"넌 왜 잘 나가다가 엉뚱한 곳으로 빠지냐. 한 시간 빠르다고 어떻게 36도야. 어떻게 계산한 건데? 하루는 24시간이야."

"치, 사실 나는 아직 지구의 시차와 경도에 대해서 잘 모르겠어. 그럼, 360을 24로 나눠야 하는 거야? 아니면 24를 360으로 나눠? 아니구나.

360도를 24시간으로 나누어야 하겠구나. 아까는 그냥 10으로 나눴어요. 별생각 없이…….”

“왜 360을 24로 나누니?” B3 248

“하루가 24시간이고 전 세계가 24시간의 차이를 가지고 있는데 그 각도가 360도니까 한 시간의 차이는 곧, 15도네요. 그런데 동쪽이에요, 서쪽이에요?”

“넌 지도를 보면 동쪽이나 서쪽이 어디인지 판단이 안 되니?”

“지도를 안 봐서 모르겠어. 단지 파리가 한 시간 빠른 걸 보니 파리가 런던보다 동쪽에 있는 것 같네. 아! 여기 지도를 보니까 확실히 파리가 런던의 오른쪽 아래에 있네요.”

“그래! 많은 것을 깨달았구나. 내가 정리해줄까?” B3 248

“아니, 잠깐만요! 제가 정리해서 설명해볼게요. 한번 들어보시고 부족한 것이 있으면 도와주세요. 그러니까 하루는 24시간, 지구 한 바퀴는 360도. 그래서 한 시간에 15도. 그리고 어제 갔다 온 그리니치 천문대의 본초자오선은 0도, 런던과 파리는 한 시간 차이가 나니까 파리는 대략 동경 15도의 위치에 있네요. 그래서 일정표에 있는 유로스타 운

영국과 프랑스, 벨기에를 연결하는 유로스타. 영국과 프랑스를 오갈 때에는 해저터널을 거쳐간다.

행 시간은 세 시간 정도지만 실제로는 두 시간 정도가 걸리고요."

"이야, 이제 우리 레오가 확실히 알게 되었구나. 무엇보다도 알아가는 과정에서 네 스스로 생각하고 해결해낸 것이 가장 값진 성과일 테고. 이런 게 자기 주도적 학습이지. 자기 주도적으로 학습한 것과 부모님 또는 선생님의 설명을 듣고 학습한 것 사이에는 엄청난 차이가 존재하거든."

"그런데 유로스타의 속력이 KTX와 같이 시속 300킬로미터라고 들었는데, 영국에서는 천천히 달린 기분이에요. 도버해협을 건너 프랑스로 들어와서는 좀 빠른 듯했고요."

"영국은 철도가 노후해서 시속 100킬로미터 정도로 달릴 수밖에 없거든. KTX도 전용철도가 아닌 곳, 즉 다른 기차와 같이 달리는 구간에서는 빨리 달리지 못한단다."

무거운 천장을 번쩍 들어올리다

서울에 여의도가 있다면, 파리에는 시테섬이 있단다. 파리의 역사는 시테섬에서 시작되었다고 볼 수 있어. 카이사르의 《갈리아 전쟁기》에 나올 만큼 참으로 긴 역사를 갖고 있거든. 그런 시테섬에 관광객이 꼭 찾는 곳이 있단다. '노트르담의 꼽추' 들어봤지? 소설도 있고 영화로도 나왔으니 들어봤을 거야. 《노트르담의 꼽추》는 너희가 꼭 읽어봐야 할 소설 중 하나란다. 내일 찾아가게 될 노트르담 대성당이 주요 무대지.

살짝 솟았네 '첨두형 아치'
윗부분이 마치 양파처럼 올라간 반원형 아치를 말해. 고딕 양식의 한 특징으로 하늘을 향한 염원을 표현한 것인데, 장식적인 효과도 뛰어나지.

성당에 가보면 정면에 세 개의 출입문이 있을 거야. 출입문 위를 보면 첨두아치가 벽 쪽으로 들어가 있고. 각 출입문에는 이름이 있단다. 중앙 출입문은 '최후의 심판의 문', 왼쪽 문은 '성모 마리아의 문', 오른쪽 문은 '성 안나의 문'이야. 문 위로 여러 가지가 화려하게 조각되어 있을 텐데, 중앙 출입문에는 십자가와 예수가 있고 천국과 지옥이 표현되어 있어. 구원받은 사람과 지옥에 끌려가는 사람도 볼 수 있지. 저울을 가진 천사도 있고, 사람들이 강을 건너 사후 세계로 가는 모습도 보이고. 왼쪽 문에는 예수와 성모 마리아, 예수의 탄생을 지켜보는 여러 성인들과 담요를 들고 있는 주교가 조각되어 있지. 왼쪽에 잘린 머리를 들고 있는 조각상이 있을 텐데, 기독교를 전하다 처형당한 생 드니라는 성인을 나타낸단다. 이 밖에도 1층과 2층 사이에 28명의 유다 왕 조각상이 있어.

성당 안에 들어가 보면 기둥이 아주 많을 거야. 게다가 '짱' 굵지. 놀라지 말길. 기둥이 굵은 데는 이유가 있거든. 천장을 먼저 봐봐. 아주 높을 텐데, 옛날에는 이렇게 높은 천장을 가진 건축물을 만들 수가 없었단다. 천장의 무게 때문이지. 그래서 천장을 높이 만들기 위해서는 천장의 무게를 줄이거나 분산시켜야 했어.

천장을 다시 자세히 보면 갈빗살 모양으로 돼 있을 거야. 이걸 갈비라는 뜻의 영어 단어인 리브(rib)라고 부르는데, 이 리브 구조를 이용하여 천장의 무게를 지탱하도록 한 것이지. 우선 1차적으로는 리브가 천장의 무게를

노트르담 대성당 전경

노트르담 대성당 출입구. 성당 입구의 조각 장식은 건축 당시 글을 읽지 못하는
사람들에게 성경의 내용을 알려주기 위한 것이었다.

받고, 그걸 계속 지탱할 수 있도록 작은 원기둥을 굵은 기둥 옆에 세웠단다. 그래서 기둥이 더 굵어 보이지.

다시 천장을 자세히 보면 리브들이 한 점에서 만날 텐데, 만나는 리브의 수에 따라 그걸 4분 볼트, 6분 볼트, 8분 볼트라고 부른단다. 박사님과 그 원리에 대해 얘기 나눠보렴.

성당 안 굵은 기둥들이 높은 천장을 받치고 있다.

성당 천장의 8분 볼트

그래도 엄청난 천장의 무게를 리브볼트로만 다 지탱할 수는 없었단다. 그래서 고안된 것이 있어. 밖에서 보면 지네 다리처럼 양쪽으로 벌어져 기둥에 연결된 것들이 있을 텐데, 이게 버팀벽이야. 영어로는 플라잉 버트레스(flying buttress)라고 하지. 이 구조로 천장의 무게를 분산시켜 높은 천장을 만들 수 있었던 것이란다.

4분 볼트, 6분 볼트, 8분 볼트?

"대영박물관 파르테논 신전에는 지붕을 받치는 기둥이 조밀하던데, 노트르담 성당에는 기둥이 절반 정도밖에 되지 않아요."

"관찰력 좋네. 기둥의 밀도를 봤구나. 그럼, 천장의 모양은 어땠니?"

A1 242

"파르테논 신전 천장은 평평했는데 노트르담 성당 천장은 곡선이에요. 저런 걸 아치라고 하나요?"

"아치 구조라고 하면 더욱 좋아. 아치라고 하는 것은 기둥과 기둥 사이에서 지붕의 무게를 지탱하는 구조물을 말하거든. 즉, 벽돌이나 돌로 출입문을 만들 때 그 무게를 지탱하는 구조물인 거지. 고대 그리스의 신전은 두 기둥 사이에 띄울 수 있는 거리가 짧아. 점차 기둥 사이의 간격을 넓히는 방향으로 발전해나가다 고대 로마 때부터 그 기술이 발달하여 수로, 다리, 돔 구조 지붕 등 다양한 건축 영역에 널리 활용되기 시작했단다."

"그러니까 아치는 기둥 사이의 간격을 넓혀서 내부 공간을 확보하려는 의도에서 만들어진 거네요."

"그렇지. 고민을 하면 아이디어가 나온다는 사실을 또 확인하는 순간이구나."

"그럼 아빠가 말씀하신 볼트는 뭔가요?"

"아치가 하나 있으면 벽은 지지할 수 있겠지. 그런데 천장은 면이기 때문에 또 하나의 아치를 교차시켜서 유지할 필요가 생긴 거야. 그리고 아치는 반원 모양이기 때문에 기둥 간격이 다르면 반원의 크기가 달라지고, 천장이 높아지면 반원이 커지면서 무너질 위험이 있단다. 사실 아치가 무너져 내린 예가 정말 많아. 그래서 아치를 교차시키며 공간을 만들어나갔는데, 이걸 교차볼트라고 한단다. 볼트는 아치처럼 위쪽 하중을 흘러내리게 하기 때문에 무거운 천장을 지탱할 수 있지."

"볼트가 여러 가지인가 봐요. 4분 볼트, 6분 볼트, 8분 볼트, 이런 게 있던데."

"누나, 천장을 봐봐. 아빠가 말씀하신 것처럼 가운데서 4개가 만나는 게 있고, 6개 만나는 것도 있고, 아까 저쪽에는 8개 만나는 것도 있었어."

"바로 봤다. 볼트 아래 둥근 관 모양 기둥이 아빠가 얘기한 리브야. 리브를 따라 볼트 쪽으로 가면 가운데로 모이는 곳이 나오는데, 모이는 리브의 개수를 세어보면 4분 볼트, 6분 볼트, 8분 볼트로 구분한 이유를 알 수 있을 거야. 더 자세한 내용은 수학 카페에서 알려줄게."

볼트 덕분에 아름다운 장미창이?

성당의 여러 가지 구조에 대해서 박사님과 얘기 나누어보았겠지? 너희가 이해할 수 있도록 박사님이 잘 설명해주셨으리라 믿는다. 그런데 연결해서 살펴볼 부분이 있어. 천장을 높여놓고 보니 다른 문제가 발생했거든. 당시에는 전기가 없었어. 전기가 없다고 생각해봐. 끔찍하지? 게임, 인터넷을 못하는 건 물론이고 빛이 없어서 집 안이 항상 어두울 거야. 성당도 마찬가지였어. 성당에서 예배를 드리려면 빛이 필요하니까 빛을 받아들일 수 있는 창문이 필요했지. 그런데 생각해보렴. 옛날에는 높은 건물을 지으려면 벽이 두꺼워야만 했단다. 그러면 건물은 높아지지만 벽을 뚫어 창문을 만들기가 어려웠지. 그런데도 노트르담 대성당에는 창문이 많아. 이게 가능했던 이유는 성당이 천장의 무게를 줄여 분산시키는 구조이기 때문이야. 그만큼 벽이 얇아질 수 있었고, 얇아진 벽에 창문을 만들 수 있었던 것이란다. 직접 보면 정말 다른 세계에 온 것처럼 아름다울 거야. 창문을 통해 쏟아지는 빛을 바라보며 경건한 기운을 느껴보렴.

장미창의 스테인드글라스. 화려한 장식 창문으로 빛이 아름답게 들어온다.

애들아, 유럽에서 방향을 알 수 있는 힌트 하나 줄까? 성당의 입구는 항상 서쪽이야. 반대편은 당연히 동쪽. 예루살렘 방향이라고 생각한 것이지. 그리고 노트르담 성당 앞에 사람들이 많이 모여 있는 곳이 있을 텐데, 거기 발뒤꿈치로 밟아 돌리는 작은 점이 있어. 푸엥 제로(point zéro), 수준원점이란다.

푸엥 제로(수준원점)

수준원점(水準原點)

"박사님! 저 수준원점 밟고 기념사진 찍었어요. 소원도 빌었고요. 거기를 밟으면 파리에 다시 방문하는 행운이 찾아온다고 하던데요."

"바보! 그 말을 믿니? 박사님, 그런데 수준원점이 뭐예요?"

"높이를 정하는 기준점이지. 원점이라는 말은 알 테고, 수준(水準)이 무슨 뜻인지 알겠니?" B1 246

"높은 수준, 낮은 수준 할 때의 수준인가요? 공부 수준, 실력 수준, 이런 데 쓰는 수준이요."

"'수' 자가 '물 수'야."

"그럼 물하고 관계가 있겠네요. 높이의 기준이라 하셨고. 높이와 물이 무슨 관계가 있을까요? 음, 보통 산의 높이를 '해발 몇 미터'라고 말하니까, 바닷물과 관계있나 봐요."

"그런데 바닷물의 높이라는 것도 시시각각 변하지 않나요? 언제가 기준이 돼요?"

"각 나라에는 해발고도 측정을 위한 기준 수면이 있어. 바닷물의 높이는 늘 변하지만, 몇 년에 걸쳐 평균을 내면 해발 0미터인 기준 수면을 얻을 수 있단다."

"얻을 수는 있지만 계속 변하니까 그 높이를 보관할 방법이 없잖아요?"

"아하! 이제 이해했다. 그래서 수준원점이라는 것을 육지에 만들어놓았군요. 그럼 프랑스에서 높이를 잴 때는 이 점을 기준으로 잰다는 뜻?"

"우리나라도 여기를 기준으로 해요?"

"아까 박사님께서 말씀하셨잖아! 나라마다 기준 수면을 가진다고. 우리나라에도 수준원점이 어디 있겠지."

"어디에 있을 것 같니? 한번 추측해봐라." A4 245

"서울에는 바다가 없으니 서울은 아닐 것 같고. 인천? 서울에서 가장 가까운 바다니까요."

"맞았어. 우리나라는 인천 앞바다가 기준이야."

"그러면 우리나라 수준원점은 인천 성당 앞에 있나요? 프랑스 수준원점이 노트르담 성당 앞에 있으니 우리나라도 그런가 해서요."

"우리나라 수준원점은 인하공업전문대학 구내에 있어. 아까 말한 것처럼 해발 0미터의 기준 수면이 정해지면 이 기준을 가까운 육지 어딘가로 옮겨 표시해놓아야 하는데, 웬만한 지각변동에도 흔들리지 않도록 지반을 다진 뒤 대리석 기둥을 박아서 만들지. 그런데 수준원점은 모든 해발고도 측정의 기준이 된다는 것이지 그 자체가 해발 0미터라는 것은 아니야."

"그러면 우리나라에서 무슨 높이를 재려면 모두 인천에서부터 시작해야 하나요?"

"그러면 물론 불편하겠지? 그래서 국립지리원에서는 수준원점에서부터 2킬로미터 간격으로 국토 전역에 수준점을 5,000여 개 설치했단다. 도로변이나 교정, 면사무소 화단 등지를 잘 살펴보면 해발고도를 소수점 아래 네 자리까지 알 수 있는 대리석 수준점들을 발견할 수 있지. 측량사들은 이 수준점 십자가 위에 흰색과 빨간색이 교대로 표시된 막대를 세워놓고 멀리서 망원경으로 바라보며 주변 지형의 해발고도를 비교 · 측정하지. 참고로, 수준점은 높이만 재는 기준이고, 위치를 아는 데 필요한 경도와 위도를 표시한 기준점은 따로 있어. 그건 삼각점이라고 해. 삼각점에 대한 부분은 수학 카페에서 알려줄게."

파리는 유럽의 대평원 지대에 위치해 있단다. 그래서 몽마르트르 언덕을 제외하고는 높은 곳이 없어. 그런 와중에 노트르담 성당은 시테섬에 높이 솟아 있으니 멀리서도 눈에 띈단다.

사람들도 보통은 다른 사람 눈에 띄고 싶어 하지. 그런데 **아빠는 너희가 그런 사람이 되기보다는 너희가 가진 개성으로 인해 스스로 빛나는 존재가 되었으면 한단다.** 아빠가.

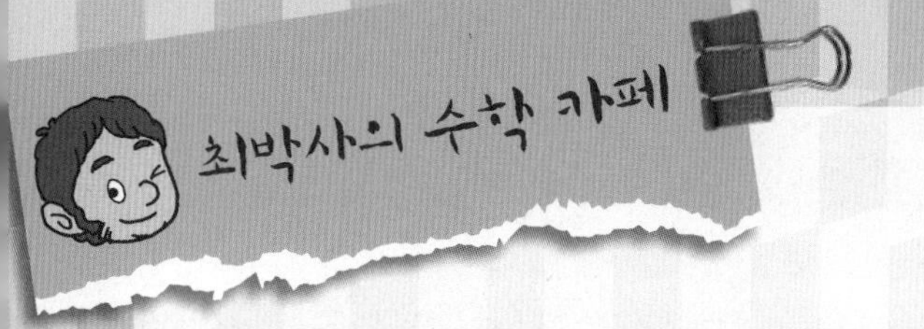

볼트 구조의 수학적 탐색

천장은 처음의 평평한 형태에서 아치 구조로 진화해왔습니다. 파르테논 신전 천장이 평평한 구조로 되어 있지요. 이때는 무게를 분산시키는 능력이 미미해 기둥 사이 간격이 좁았기 때문에 공간을 확보하기가 어려웠어요. 아치 구조가 만들어지면서 바닥 공간이 넓어지기 시작했답니다. 볼트는 아치가 계속되어 원기둥을 반으로 잘라놓은 형태를 생각하면 돼요. 아래 그림에서 (a)가 볼트, (b)는 볼트 두 개가 서로 교차되어 있는 교차볼트랍니다.

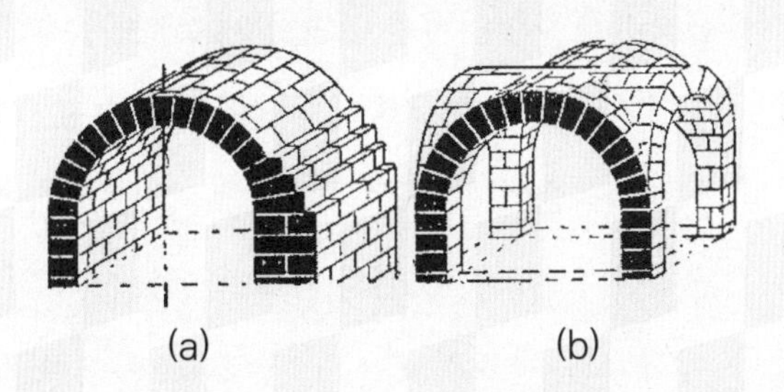

노트르담 성당의 천장에는 교차볼트가 여러 가지 모양으로 사용되고 있어요. 천장에서 갈라진 개수에 따라 4분 볼트 또는 4구획 볼트(c), 6분 볼트 또는 6구획 볼트(d), 또 8분 볼트로 구분할 수 있어

요. (e)의 그림을 통해 6분 볼트의 실제 모습을 생각해볼 수 있을 것입니다.

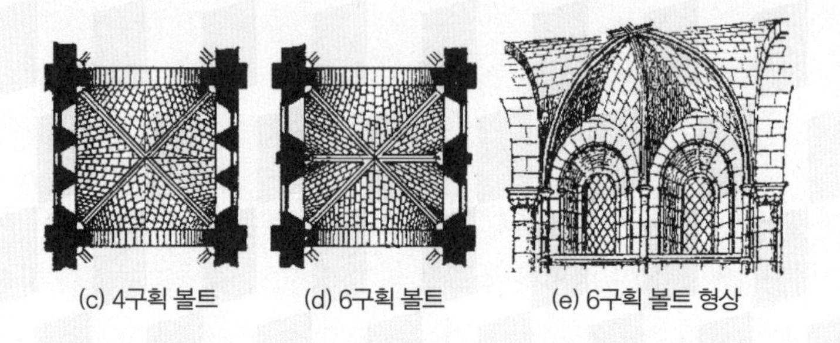
(c) 4구획 볼트　(d) 6구획 볼트　(e) 6구획 볼트 형상

삼각점, 수준원점에서 측량하는 방법

이 내용은 중3의 삼각비가 필요한 부분이지만 어렵게 생각할 필요가 없답니다. 삼각비가 무엇인지만 알면 실제 측량하는 과정을 이해하는 데 무리가 없거든요. 삼각점은 평면상의 좌표가 표시되어 있는 점으로 전망 좋은 산꼭대기나 구릉 등에서 볼 수 있는데, 이를 이용하여 삼각점 근처 내가 원하는 지점의 좌표를 구할 수가 있어요.

예를 들어 삼각점의 좌표가 P(120.13, 250.58)이라고 합시다. 측량은 삼각점에서 내가 원하는 지점 Q까지의 거리와 각을 재는 것입니다. 삼각점에서 내가 원하는 지점까지의 거리가 173미터, 각은 정북쪽 방향에서 동쪽 방향으로 27도 회전했다고 하면,

그림에서 $x = 173 \times \sin 27^\circ = 78.54$, $y = 173 \times \cos 27^\circ = 154.14$로 계산할 수 있으므로 내가 원하는 지점 Q의 좌표는 Q(198.67, 404.72)라는 것을 구할 수 있게 됩니다. 높이를 알고 싶으면 수준원점을 찾아 거기서부터 높이를 재오면 되겠지요.

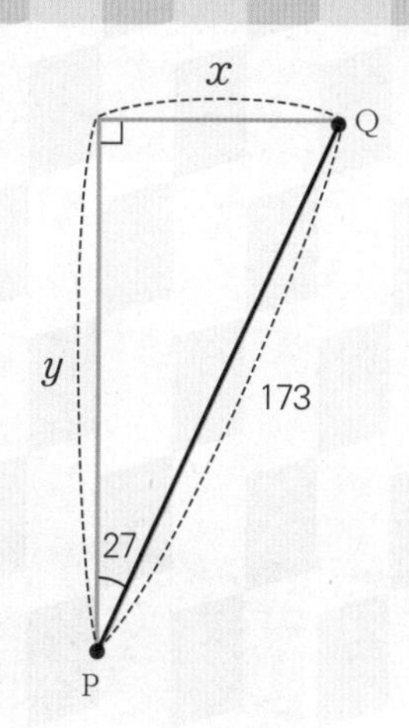

이렇게 삼각점과 수준원점은 내가 원하는 지점의 좌표와 높이를 손쉽게 구할 수 있도록 준비된 지점이라고 할 수 있습니다.

인하공업전문대학에 있는 수준원점. 우리나라에서 국토의 높이를 재는 기준이다. 측량, 지도제작, 도로와 다리 건설 등 중요한 각종 활동에 꼭 필요한 핵심기초자료다.

지리산에 있는 삼각점

04 박물관이 살아 있다! 루브르박물관

파리에 웬 피라미드? 루브르박물관에는 깜~짝 놀랄 만한 것들이 많지. 메소포타미아의 고대 문명과 맞닿은 비석도 있고 어마어마한 비밀을 가진 8등신 미녀도 있다는데, 그녀의 비밀은 도대체 뭘까?

그런 거라면
문제없지!
줄자 던지기
신공~!
5m
교과 내비게이션
초2
길이와 높이
초6
비례와
비례식
중1
등식의 성질
중2
닮음
고1
피보나치
수열

이제 루브르박물관을 둘러볼 차례인가? 그럼 좋아하는 너희들이 여행 전부터 기대하던 모습이 생각나는구나. 루브르박물관, 아니 루브르미술관이 맞나? 아무튼 여기가 처음부터 박물관이었던 것은 아니야. 처음에는 12세기경 노르만족의 침입에 대비해 지은 요새였지. 파리가 커지면서 프랑수아 1세 때 왕궁으로 탈바꿈하게 되었고 루이 14세 때는 왕실의 예술품을 보관 · 전시하는 공간으로 사용되었어. 박물관이 된 것은 프랑스 대혁명 이후의 일이지. 현재 37만 점이나 되는 예술품을 가지고 있다니까 정말 엄청난 곳이야.

피라미드가 여기에도 있네

루브르박물관에 피라미드가 있다고 놀라지 마. 1980년대 초 프랑스 정부는 파리 건축물을 더욱 아름답게 꾸미는 정책을 펼쳤는데, 이때 루브르박물관도 뜰에 새로운 입구를 만들고 리슐리외관을 박물관으로 개조했단다. 박물관 넓은 안마당의 피라미드도 그때 세워진 거야. 피라미드는 마름

모와 삼각형 모양이 조립된 형태지. 박사님과 피라미드 높이를 측정해보렴. 아주 재미있는 활동이 될 거야. 사실 피라미드는 이집트의 상징이야. 유럽인들의 이집트에 대한 관심은 나폴레옹의 이집트 원정 이후에 시작되었지. 로제타석을 해석한 샹폴리옹도 이집트에서 많은 유물을 가져왔어. 다음에 가게 될 콩코르드 광장의 오벨리스크도 그중 하나지.

그림자로 피라미드 높이 재기

"전에 교과서에서 누가 막대기와 그림자로 피라미드 높이 재는 그림을 본 적 있어요. 누가 그랬는지는 모르겠는데, 누구였죠?"

"탈레스라는 수학자란다. 2,000년보다 더 오래전 옛날이었지!"

"그림자를 이용해서 피라미드 높이를 잰다고?"

"그래, 일단 재어보자. 내가 설명해줄게."

"피라미드 그림자를 재니까 2.22미터야. 피라미드 바닥까지만 재면 돼, 아니면 저 속까지 재어야 돼?"

"피라미드 그림자의 길이를 재는 거잖아!"

"그렇지! 그러면 저 속까지 재어야 하는데 저기에는 접근할 수가 없어. 어떡하지?"

"속으로 못 들어가니까 직접 잴 수는 없겠지. 그러면 포기할까?" A4 245

"그럴 수야 없죠. 이 피라미드 바닥이 정사각형인가요?"

"그렇단다. 그런데 그건 왜?"

"정사각형이면 간단하잖아요. 피라미드 꼭대기의 바로 밑이 정사각형 중앙이니까, 정사각형 한 변의 길이를 재서 그 반을 사용하면 돼요."

"맞아. 책에서도 그렇게 나온 것 같다. 피라미드 모서리는 정확히 30미터야. 그러면 그림자의 길이는 아까 잰 2.22미터에다가 모서리의 절반인 15미터를 더해 17.22미터가 되네. B2 247 그런데 책에서는 막대기가 하나 있었는데 이 광장에는 막대가 없어요."

"막대기가 왜 필요한데?" A3 244

"그건 잘 모르겠어요. 책에서 읽을거리로 나온 거라 대충 읽고 넘어갔더니만……."

"피라미드 그림자 길이만 가지고 높이를 알 수는 없잖아. 그러니까 막대기가 있으면 땅에 세워서 그림자의 길이를 재려는 거였겠지."

"글쎄다. 왜 막대기를 땅에다 세워 그림자 길이를 재려는 거지?" A4 245

"이제 생각났어요. 막대기 그림자의 길이를 알면 피라미드 높이를 구할 수 있을 것 같아요. 그나저나 막대기를 어디서 구하지?"

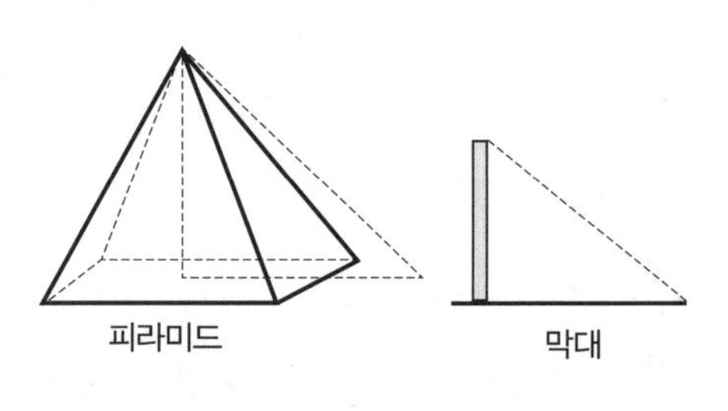

"누나! 누나 그림자가 있잖아. 누나가 막대기 역할을 할 수 있어. 가만히 서 있어봐. 내가 누나 키와 그림자의 길이를 잴게. 피라미드와 그림자로 이루어진 삼각형, 누나 키와 그림자로 이루어진 삼각형. 이게 무슨 관계가 있을 법도 한데……."

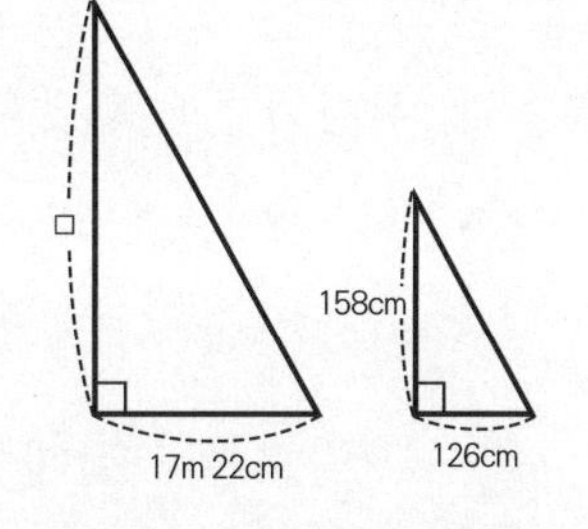

"그려놓은 걸 봐봐. 무슨 생각이 드니?"

"서로 똑같은 모양이니까, 두 삼각형의 밑변과 높이의 비가 같겠지."

"진짜? 그런 생각이 들어?"

"그러니까, 누나 키와 그림자에서 나온 158센티미터 : 126센티미터라는 비와 피라미드에서 높이를 □라 했을 때 □ : 17미터 22센티미터라는 비가 같다고 할 수 있지 않을까? 그럼 비례식이 나오네.

$$158 : 126 = \square : 17.22$$

계산기 좀 줘봐.

$$\square = 21.59$$

피라미드 높이가 21미터 59센티미터라는 답이 나왔어."

"와! 정말 정확한걸. 그리고 레오, 너 비례식을 완벽하게 사용할 줄 아는구나. 너희들이 피라미드 높이를 거의 정확하게 구한 거야. 그것도 중2 수학 교과서에 나오는 닮음의 성질을 사용해서! 결국 비례관계를 이용한 거지. 비례관계는 6학년에서 배웠니?" A4 245

"네. 비례관계나 비례식의 성질을 배울 때는 잘 몰랐는데, 아까 두 삼각형을 보니까 갑자기 떠올랐어요. 신기했어요. 교과서 속 수학을 밖으로 꺼내는 경험을 하니 수학이 살아 있다는 느낌이 막 올라와요. 사실 여행 오기 전까지는 수학이 필요 없다는 생각을 많이 했거든요. 이런 점에서 저에게 많은 도전거리가 생기는 것 같아 감사드려요." B2 247

"그런데 잠깐, 아까 그 비례식에서 어떻게 피라미드 높이를 구했는지

설명해줄 수 있겠니?" A3 244

"아, 그거는요, 비례식의 성질을 사용했어요. 외항끼리의 곱은 내항끼리의 곱과 같다는 거요."

"그렇구나. 그런데 왜 그렇지? 그 이유를 설명할 수 있겠니?"

"왜 곱한 결과가 같으냐고요? 음, 그건 그냥 그런 것 아니에요?"

"그럼 다빈이가 레오에게 얘기해줄 수 있을까?" B4 249

"글쎄요. 외항끼리 곱이 내항끼리 곱과 같은 이유……. 저도 초등학생 때 그렇게 배우고 나서는 그 이유에 대해 다시 생각해본 적이 없는 것 같은데요. 정말 왜 그런가요?"

"이 부분은 수학 카페에서 천천히 생각해보도록 하자. 그런데 얘들아, 오늘은 운이 좋아서 해가 쨍쨍 내리쬐니까 그림자도 생긴 건데, 만약 비가 온다거나 날씨가 흐려 해가 뜨지 않으면 그림자가 생기지 않을 거야. 그럼 그때는 피라미드의 높이를 잴 수 없을까?" A4 245

"그렇겠지요?"

"아니란다. 그림자를 이용하지 않고서도 피라미드 높이를 재는 수학적 방법이 또 있단다. 이제 곧 콩코르드 광장에 갈 건데, 거기서 오벨리스크 높이를 잴 때는 다른 방법을 사용해보도록 하자."

황금 비율의 여신

애들아, 루브르에서 제일 인기 있는 전시물이 무엇인지 한번 찾아볼래?

대리석으로 만들어졌고, 미술 책에도 항상 빠지지 않고 나오지. 두 팔이 없는데도 참으로 아름다워. 전문가들도 두 팔을 복원하는 것보다 현재 상태가 더 낫다고 하니 재미있지 않니? 누구나 부러워하는 대로 얼굴이 작은 여인의 조각상이란다. 아빠, 엄마 얼굴 크기는 비교가 안 되는 8등신 미녀. 그 앞에는 사람이 너무 많아서 사진 찍기도 힘들 정도야. 뭔지 알겠니? 바로 〈밀로의 비너스〉 상이야.

왜 아름답게 느껴지는지 생각해봤니? 많은 수학자들은 〈밀로의 비너스〉 상에서 이상적인 비율을 찾아냈단다. 황금비란 것이지. 얼마나 아름다우면 황금이 들어갈까. 하긴 아빠도 지갑 속에 황금비를 지닌 물건을 두 가지나 가지고 있긴 하네. 뭐냐고? 신용카드와 명함. 대영박물관에서 얘기 나눴던 걸 기억해보렴.

이상적인 비율, 황금비

"기억나니? 황금비에 대해서 얘기했던 곳?"

"파르테논 신전에서 그런 얘기가 나왔는데……."

"우리는 그리스에 가는 일정이 없잖아. 파르테논 신전에 언제 갔다고 그래?"

"그래, 맞다. 그리스에 간 건 아니지만 박물관에서 봤지?"

"맞다. 대영박물관이다. 황금비에 대해서라면 그때 웬만큼 다 얘기했어요. 〈밀로의 비너스〉 상, 명함. 신용카드 얘기는 안 했지만 대신 교

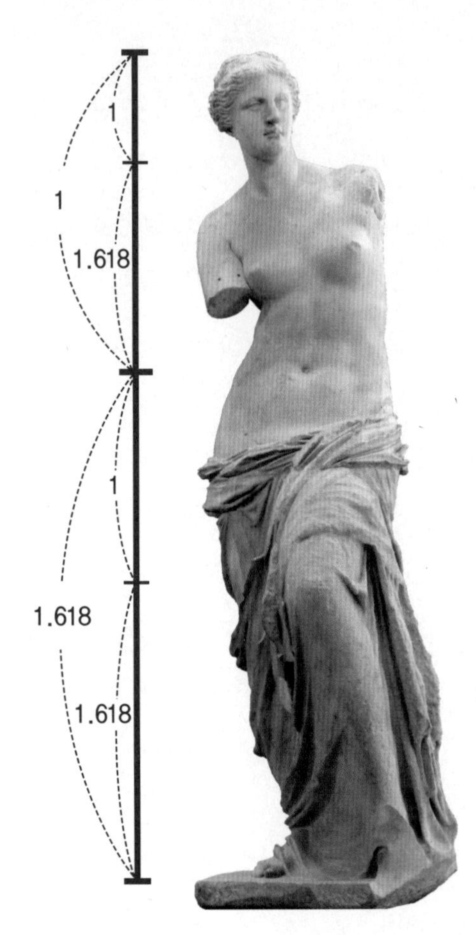

사람들이 가장 편안하고 아름답게 느끼는 비율인 황금비. 황금비는 루브르박물관 〈밀로의 비너스〉에서도 찾아볼 수 있다. 황금분할이 적용된 덕분에 여성미를 가장 아름답고 완벽하게 표현한 작품으로 손꼽힌다. 머리 모양이나 옷의 표현이 헬레니즘 문화의 특색을 잘 드러내고 있다.

통카드 얘기는 했잖아요. 근데 그때 박사님께서 황금비에 대해 더 알아보라고 하셨죠?"

"그래, 그랬지."

"제가 비너스 상의 황금비에 대해 조사해봤는데요, 비너스 상은 배꼽을 기준으로 상반신과 하반신의 비가 1 : 1.618이에요. 정수비로 하면 5 : 8이 돼요."

"제가 조금 덧붙일게요. 몸 전체로도 배꼽을 기준으로 황금비를 이루지만 상반신과 하반신이 각각 황금비를 이루고 있어요. 상반신만 놓고 보면 머리끝에서 목까지와 목에서 배꼽까지의 길이의 비가 역시 황금비를 이루고, 하반신에서는 발끝부터 무릎까지와 무릎부터 배꼽까지 길이의 비가 8 : 5예요."

"황금비를 스스로 조사하고 잘 정리해줘서 고맙구나. 그런데 황금비가 자연의 성장을 대변하는 피보나치수열(1, 1, 2, 3, 5, 8, …)과 연관성이 있다는 말은 들어봤니? 여기에 대해서 미리 공부해두는 게 좋을 거야. 피보나치의 동상을 보러 가기 전까지 피보나치수열과 황금비의 관계에 대해 조사해두렴." A4 245

명작의 바다에서 길을 잃다

얘들아, 보고 싶은 것이 많아서 서울에서부터 설렜지? 그중 미켈란젤로의 두 조각상을 볼 텐데, 이 작품들은 교황 율리우스 2세의 무덤을 장식하려고 만든 것이었어. 교황은 당시 최고 작가였던 미켈란젤로를 로마로 불

문제적 교황! 율리우스 2세

1503년부터 1513년까지 재위한 교황이야. 세속적인 교황으로 알려져 있지. 성직자이면서 정치가처럼 다른 나라와 전쟁 동맹을 맺기도 하고, 직접 갑옷을 입고 전투에 나서기도 했대. 한편으로는 예술가들을 후원하여 르네상스의 전성기를 이끌었어. 베드로 대성당의 건축 문제로 후에 면죄부 문제와 신교와 구교의 분리를 가져온 종교개혁의 단초를 제공하기도 했지.

렀단다. 그리고 자신의 무덤을 성 베드로 대성당에 만들려고 했어. 그러면서 노예 조각상을 만들어 무덤 입구를 꾸밀 생각이었지. 하지만 실현하지 못했어. 지금 우리들에게는 어쩌면 다행일 수도 있지. 덕분에 넓은 공간에서 편안히 감상할 수 있으니까. 노예상 중 하나는 미완성 상태로 끝났단다. 그럼에도 두 노예상의 비틀린 근육질 몸매를 보렴. 인간의 꿈과 좌절된 고뇌가 느껴질 거야.

루브르는 말 그대로 명화로 가득 차 있단다. 어느 것 하나 지나칠 수 없지. 빨리 지나가버리는 시간이 '웬수'처럼 느껴질 수도 있어. 그래도 꼭 봐야 할 그림이 있단다. 테오도르 제리코의 〈메두사 호의 뗏목〉이야. 1816년 여름, 프랑스는 아프리카 세네갈에 식민지를 개척할 목적으로 거대한 군함 메두사 호를 대서양에 띄웠단다. 당시에는 식민지를 개척하면 엄청난 돈을 벌 수 있었기 때문에 황금과 모험에 눈먼 사람들이 합법적인 절차보다는 자신의 이익을 위해 돈으로 일을 처리하는 일이 많았어. 이 작품의 발단이 된 사건 또한 당시의 부패와 관련이 있단다. 25년간 배를 탄 적이 없는 퇴역 장성 뒤 소마레가 뇌물로 이 군함의 함장 자리를 샀던 거야. 그러니 위험한 바닷길에서 암초를 만나 침몰하게 된 것은 당연한 일인지도 모르겠다. 이 배에 타고 있던 400여 명 중 고위 관료를 비롯한 절반은 구명정에 나누어 타고 목숨을 구했으나, 뒤에 남겨진 149명은 배의 잔해로 뗏목을 만들어 몸을 싣게 되었어. 먹을 것도 마실 것도 없이 15일 동안 무작정 바다를 떠도는 상황. 결국 생존자는 열다섯 명. 어떤 상황인지 상상이 되니? 죽음 앞에 던져진 인간을 묘사하기 위해서 화가는 많은 노력을 했단다.

프랑스 낭만주의 회화를 대표하는 테오도르 제리코의 〈메두사 호의 뗏목〉.

생존자를 직접 취재하고, 병원 영안실에서 시체를 스케치했대. 그렇게 해서 소름이 돋을 정도로 정확히 묘사할 수 있었단다.

자크 루이 다비드의 〈호라티우스 형제의 맹세〉와 〈나폴레옹의 황제 대관식〉 또한 사실적 묘사가 뛰어난 작품으로 유명하단다. 정말 살아 있는 사람처럼 보일 정도야. 〈호라티우스 형제의 맹세〉는 로마 역사의 한 장면이란다. 로마와 알바롱가의 전쟁 이야기야. 전쟁은 국가가 모든 국력을 동원해 싸우는 것이지. 그런데 이 전쟁은 그렇지 않았단다. 각 나라에서 제비를 뽑아 한 가문씩을 선출한 후 마지막에 남는 두 가문 사이의 결투로 승부를 내기로 한 것이지. 그런데 맙소사, 뽑힌 두 가문은 서로 사돈 관계야. 쿠라티우스 가문의 사비나는 호라티우스 형제 중 하나와 결혼했고, 호라티우스 가문의 카밀라는 쿠라티우스와 연인이었단다. 그림은 호라티우스

자크 루이 다비드의 〈호라티우스 형제의 맹세〉

자크 루이 다비드의 〈나폴레옹의 황제 대관식〉

형제들이 결투를 위해 아버지에게서 칼을 받는 장면이야. 금방이라도 싸우려는 기세가 느껴질 거야. 반면에 3형제의 누이의 표정을 살펴봐. 슬픔에 젖어 있어. 어느 쪽이 이기든 상처를 입는 운명의 장난이 야속하지.

〈나폴레옹의 황제 대관식〉은 나폴레옹 황제가 자신의 황제 등극의 정당성을 선전하려고 다비드에게 그리게 한 그림이야. 나폴레옹 황제의 대관식이라는 역사적 순간을 화려하게 그려낸 대작이지. 가로가 9미터, 세로가 6미터나 된단다. 그림 속에서 나폴레옹 앞에 무릎을 꿇고 있는 조세핀 왕비가 보일 거야. 정말 화려한 옷과 보석으로 장식하고 있지. 어쩌면 이렇게 자세히 사실적으로 그릴 수 있었을까? 인간이 아닌 것 같아.

대관식의 참석자들을 보면 나폴레옹의 누이동생들과 유력 정치인과 귀족, 그리고 교황 레오 7세가 보이지. 참석자 하나하나의 얼굴이 마치 초상화를 보는 것 같을 거야. 재미있는 것은 나폴레옹이 관을 쓰는 것이 아니라 왕비 조세핀이 쓴다는 것이지. 그리고 이 그림을 그린 다비드 자신도 여기에 그려져 있어. 잘 찾아보면 스케치하고 있는 사람이 보일 거야. 실제로 이 그림을 그리기 위해 다비드도 행사에 참석했다고 하지.

얘들아, 다른 그림들을 볼 때도 그 안에 감춰진 이야기들을 생각해보거라. 그림과 마주서서 끊임없이 대화해보렴. **예술은 향유하는 자의 것이란다.** 사랑한다, 아빠가.

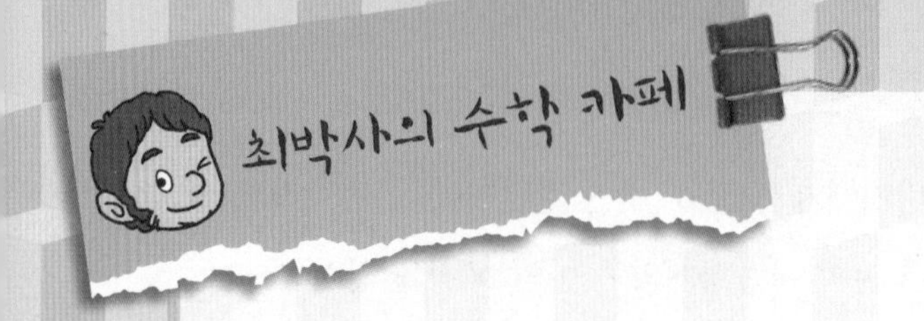

비례식의 성질 완전 정복!

다음은 초등학교 6학년 교과서에서 비례식의 성질을 배우는 부분입니다.

> 6학년 1학기 7단원 비례식의 성질
>
> 빵을 2개 만드는 데 달걀이 5개 필요합니다. 빵을 10개 만들려면 달걀이 몇 개 필요한지 알아봅시다.
>
> - 빵과 달걀의 비를 비례식으로 나타내시오.
> - 외항의 곱은 얼마입니까?
> - 내항의 곱은 얼마입니까?
> - 외항의 곱과 내항의 곱을 비교하여 보시오.

초등학교 수학의 기본 설명 방식은 직관적입니다. 그래서 원리나 이론을 수학적으로 설명하지 않고 이와 같이 예를 들어서 가르칩니다. 교과서에서도 이렇게 간단하게만 활동하고 결론을 맺습니다. 위 문제대로 한번 계산해보세요. 식을 2 : 5 = 10 : 25라고 세우든 5 : 2 = 25 : 10이라고 세우든 외항의 곱과 내항의 곱이 같은 값으로 나오게 되지요. 그래서 결론적으로 '비례식에서 외항의 곱은 내항의 곱과 같다.'라고 하는 것입니다.

그런데 초등학교에서의 이런 방식은 중학교에 가면 통하지 않습니다. 중학교 수학 선생님들은 증명 내지는 정당화가 될 수 있는 설명을 요구합니다. 그래서 초등 고학년 시절에 직관적인 수준에서 학습이 머물면 중학교에 가서 당황하게 됩니다. 수학적으로 보다 논리적인 설명을 할 수 있는 데까지 나가는 것이 필요하다고 봅니다.

수학에서 어떤 법칙이 성립한다고 주장할 때는 단 하나의 예외도 없이 성립하는 경우만 가능하며, 그것도 모든 사람이 이해할 수 있도록 증명해야 합니다. 과학에서는 대체적인 성향을 보이면 그렇다고 말하지만 수학은 그런 면에서 엄격합니다. 그런데 초등학교 수학 교과서를 만드는 교수님들은 기본적으로 어떤 수학적 사실을 정확한 논리적 근거로 이해시키기보다 직관적인 예로 설명하고 마치려는 의도를 가지고 있기 때문에, 비례식의 성질을 6학년 교과서에서 그렇게 설명할 수밖에 없는 것입니다.

여러분은 여기서 그치지 말고, 항상 그렇다고 말할 수 있는지를 고민해서 뭔가 그럴듯한 생각을 해내는 것에 이르러야 합니다. 그러는 사이에 지능과 사고력이 발달하게 되므로 그럴듯하게 생각해내지 못하더라도 손해날 것은 없겠지요. 그냥 그 사실을 받아들여 인정하고 아무런 고민을 하지 않는 것보다는 백배 낫습니다.

그럼 비례식의 성질은 어떻게 설명해야 할까요? 이 부분에 대한 초등 교과서 해설이 없어서 고민하다가 생각해낸 것인데, 비의 값과 연결하면 설명이 가능합니다. 비의 값이라 하면, $a : b = \frac{a}{b}$ 로 고치는 것을 말합니다.

이를 이용하면 비례식의 성질을 유도해낼 수 있답니다. 독자 여러분도 설명을 듣기 전에 스스로 해결해낸다면 만족 백배일 것입니다. 지금 스스로 해본 후, 이어지는 내용을 읽어볼 것을 권합니다.

여태까지는 $a : b = c : d$ 라고 하면 정확한 이유도 모른 채 비례식의 성질을 이용하여 바로 $a \times d = b \times c$ 라고 했습니다. 이제 그 이유가 무엇인지를 생각해봅시다.

$$a : b = \frac{a}{b}, \quad c : d = \frac{c}{d}$$

이 비례식에서 식이 하나 나옵니다.

$$\frac{a}{b} = \frac{c}{d}$$

양변에 bd를 곱해볼까요?

$$\frac{a}{b} \times bd = \frac{c}{d} \times bd$$

$$a \times d = b \times c$$

양변에 bd를 곱하는 것은 등식의 성질을 이용한 것인데, 이는 초등 저학년에서부터 해오던 것입니다. 분수에서 분모를 없애려 곱하는 것이지요.

결국 비의 값을 이용하여 비례식의 성질을 유도해보았습니다. 이렇게 논리적으로 설명하지 못하면 비례식의 성질을 사용하면서도 자신감을 갖기 어렵습니다. 이제 그 이유를 알고 나니까 더욱 힘이

나지요? 앞으로 비례식의 성질을 더 잘 사용할 수 있을 것만 같지 않나요?

그런데 어떤 나라 교과서를 보면 비례식의 성질을 전혀 다루지 않습니다. 비례적인 상황에서 그것을 비례식으로 표현한 다음 비례 관계, 즉 몇 배인지의 관계를 적용하면 문제를 해결할 수 있기 때문이지요.

예를 들어보겠습니다.

$\square : 6 = 3 : 2$

이전에는 비례식의 성질을 이용하여 풀었지요.

$\square \times 2 = 6 \times 3 = 18$

$\square = 9$

그런데 굳이 그렇게 하지 않아도 된다는 것입니다. 오른쪽 3 : 2에서 3이 2의 1.5배잖아요. 왼쪽도 같은 관계이므로 □는 6의 1.5배라는 것이지요. 그래서 □ = 9라는 답을 구할 수 있게 됩니다.

공식이나 법칙을 이용하면 장점이 많아요. 문제가 쉽게 풀리고 간편하지요. 하지만 그러다 보면 왜 그런지를 설명하는 것이 쉽지 않습니다. 이유를 설명할 수 없게 되면 언젠가는 그 이유를 망각하게 될 우려가 있어요. 그래서 개념, 즉 그 이유를 가지고 문제를 해결해야 하는 상황에서 문제를 풀 수 없게 되기도 하고요. 그래서 수학 학습에서는 개념을 이해하고 이용하는 것을 중요하게 생각한답니다.

두 번째 풀이 방법의 장점을 잘 생각해보세요. 본래 두 비례식이 같다는 것은 비례관계, 즉 몇 배인지가 같다는 것이에요. 두 번째 방법에서는 비례식이 같다는 말의 정의를 그대로 사용하고 있지요. 두 수의 비가 같다는 비례식의 정의가 그대로 사용되고 있잖아요. 그런데 기존의 방법은 '외항의 곱이 내항의 곱과 같다.'는 비례식의 성질을 이용하고 있는데, 이건 사실 비례식의 의미에서 한참 발전된 아이디어라서 비례식 정의와의 연관성은 많이 떨어집니다.

결국 법칙이나 성질, 공식 등은 본래 의미에서 발전된 것이기 때문에 여기에 처음 의미는 퇴색되어 있습니다. 다른 상황과의 연결성도 부족하지요. 그래서 공식보다 정의가 중요합니다. 그렇다고 공식이 전혀 필요 없는 것은 아닙니다. 우리나라에서와 같은 방식의 시험은 공식을 외우지 않으면 문제 푸는 데 시간이 많이 걸리고, 점수도 잘 나오지 않지요.

공식의 이점은 바로 그런 거랍니다. 그런데 공식을 바로 적용하는 문제는 중학교까지는 많이 나오지만 고등학교에 가면 거의 나오지 않거든요. 고등학교 문제들은 한 개념만 가지고 풀어지는 것이 아니라 두 개 이상의 개념과 그들 사이의 관계를 이해하는 것이 중요하답니다. 그런데 희한한 것은 문제에 나오는 여러 공식을 다 알고 있으면서도 문제는 풀지 못하는 아이들이 많다는 것이지요.

공식만 가지고는 문제 풀 준비가 다 됐다고 말할 수 없는 것입니다.

여러 가지 공식이 있고, 여러 가지 개념이 있다고 합시다. 공식은 이미 정의나 개념을 이용해서 어느 정도 발전된 것이라 말씀드렸지요? 그래서 본래 모습을 많이 잃어버린 상태라는 겁니다. 그래서 공식끼리는 잘 연결되지 않는답니다. 개념이나 정의는 원초적인 것이기 때문에 여러 상황과 맥락이 살아 있어서 이들끼리는 자연스럽게 연결이 되지요. 학생들이 문제를 풀지 못하고 있을 때 확인해 보면, 그 문제에서 요구하는 각각의 공식을 알고 있는 경우가 많았어요. 그런데도 문제를 풀지 못하고 있는 거예요. 왜 풀지 못하냐고 물어보면 대부분 어디서부터 손을 대야 할지 모르겠다고 말하지요. 즉, 실마리를 잡지 못하겠다는 거예요. 실마리는 그 문제에 들어 있는 개념들이 모두 연결되어 있을 때 비로소 찾을 수 있거든요.

초등 수학이 직관적 설명을 기본으로 하고 있더라도 논리적인 이유를 생각해보고, 그 이유를 다른 사람에서 설명하는 과정을 통해 수학 개념을 깊이 있게 고민하는 경험을 쌓아가야 한다는 것을 기억하기 바랍니다.

05

파란만장 팔각형 광장에 서다 콩코르드 광장

파란만장한 역사의 광장! 콩코르드 광장에 도착한 것을 축하해.
전쟁, 혁명, 반혁명으로 피바람이 불던 광장이 시대의 변화를 거치며
조화와 합일의 광장이 되기까지, 그 숨 막히는 이야기가 지금부터 펼쳐질 거야.

ㅋㅋㅋ
후훗,
비장의 무기!
클리노미터를
사용할 때가
온 건가….
교과 내비게이션
초5
합동인
삼각형
중1
삼각형의
결정조건
중1
다각형의
내각의
크기
중1
각뿔과
각뿔대
중2
닮음과 비례
중3
삼각비

얘들아, 루브르박물관에서 나오면 튈르리 정원에서 충분히 쉬어야 해. 다음에 이어지는 콩코르드 광장에서 또 다른 활동이 기다리고 있거든. 콩코르드 광장에서는 숨 막히는 역사가 펼쳐지지.

숨 막히는 역사의 광장

콩코르드 광장은 프랑스에서 가장 큰 광장으로 사방이 시원하게 열려 있는 곳이야. 광장에 서면 동쪽으로는 튈르리 정원, 카루젤 개선문, 루브르 박물관이, 서쪽으로는 샹젤리제 거리, 에투알 개선문, 멀리 라데팡스가 보일 거야. 북쪽으로는 마들렌 성당, 남쪽으로는 현재 프랑스 하원으로 쓰이는 부르봉 궁전을 볼 수 있지.

그런데 이 광장은 기절할 만큼 숨 막히는 역사를 갖고 있단다. 옛날 군주들은 자신의 모습과 업적을 국민들이 알아주기를 원했어. 카메라로 사진을 찍을 수 없던 시대의 얘기야. 전국 방방곡곡에 왕의 위업을 알리려면 어떤 방법을 써야 했을까? 대영박물관의 화폐 전시관에서 보았듯이 화폐를 통해 자신의 모습을 알리는 방법이 있었지. 초상화를 그려 알리는 방법도 있고. 하지만 이런 것들은 소극적인 방법이었어. 군주들은 사람들이 많이 모이는 곳에 자신의 모습을 새긴 동상이나 조각상을 세우는 것이 멋진 방법임을 알게 되었지. 프랑스 왕 루이 15세도 이 광장에 자기 동상을 크게 세웠단다. 프랑스 역사를 알면 콩코르드 광장을 아는 데 도움이 될 거야.

프랑스 왕 루이 14세는 '태양왕'이라고 불린 절대군주였지. 사치와 낭비가 심해서 후대에 재정이 어려운 상태로 나라를 물려주었어. 루이 15세는 루이 14세의 증손으로 1715년, 불과 다섯 살의 나이에 왕이 되었단다. 우리 아들이 유치원 막 들어간 나이네. 그래서 조선말 고종 때 흥선 대원군이 그랬던 것처럼 다른 사람이 대신 통치했지. 1726년에 비로소 직접 정치를 했는데, 소심하고 방탕해서 정치를 싫어했어. 그때 유럽은 전쟁이 많은 때라 프랑스도 그 전쟁에 휘말리게 되었는데, 특히 영국과의 7년 전쟁에서 지는 바람에 인도와 신대륙의 넓은 식민지를 잃어버리기도 했어. 콩코르드 광장을 만들도록 지시한 왕이 바로 루이 15세야. 정치는 형편없었지만 자신을 과시하고 싶었던 거야. 콩코르드 광장은 1755년에 시작되어 20년이 지나 완성되었단다. 구덩이로 둘러싸인 팔각형 모양으로 광장 주위에 여덟 개의 대형 대좌가 설치되고 광장 한가운데 루이 15세의 기마상이 세워졌단다. 그래서 이름을 '루이 15세 광장'이라고 했지. 간 김에 팔각형 모양을 확인하고 팔각형의 여러 가지 특성을 파악해보는 것도 좋겠다.

팔각형에 선을 그으면

"팔각형이라고요? 그럼 변이 여덟 개이겠네요? 잠깐만요. 하나, 둘, 셋, 넷 ……. 맞네요. 정팔각형은 아닌 것 같지만……."

"그럼 만약 정팔팔각형이라면, 한 각의 크기가 얼마더라? 120도인가요?"

"잠깐만. 공식 외운 적 있어. 기억해볼게. 정n각형 한 내각의 크기는 $\frac{180° \times (n-2)}{n}$, 정팔각형이면 $\frac{180° \times (8-2)}{8} = 135°$. 135도네."

"그런 식은 어떻게 나온 거야?"

"중1 되면 배워. 그냥 외우면 돼. 나도 그냥 외웠던 것 같다." C3 252

"나는 이해가 안 되면 기억도 안 나는데. 왜 그렇게 되는지 설명해주면 안 돼?"

"그래. 한번 생각해보자. 아까 그 식에서 왜 n으로 나눴겠니?"

"그거야 정n각형이니까 n개의 각이 똑같잖아요. 아, 그러면 분자가 n각형 내각 크기의 합이겠네요! 이제 알 것 같아요. 설명해볼게요. 레오! 그림을 봐봐. 팔각형을 삼각형으로 쪼개면 삼각형이 몇 개 나오니?"

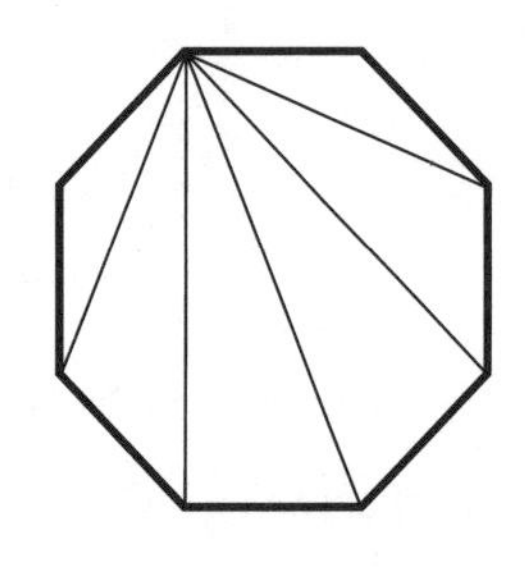

"하나, 둘, 셋, 넷. 다섯, 여섯. 여섯 개 나오는데. 아하! 삼각형 하나가 180도니까 그걸 이용하면 될 것 같다. 잠깐만, 여기부터는 내가 해결해볼 테니 기다려줘. 하나가 180도, 이것이 여섯 개니까 180×6=1080. 팔각형 각의 총합은 1,080도네. 그런데 이걸 왜 8로 나누지?"

"정팔각형이라는 뜻이 뭐니?"

"변 여덟 개가 모두 같고, 아, 각도 같겠네. 그러면 한 각의 크기는 나누기 8 하면 되겠다. 이것도 내게 기회를 줘. 잠깐만, 1080÷8=135. 135도예요!" B3 248

"잘했다. 아는 것을 말하고 싶었을 텐데 다빈이도 기다려주며 참느라 수고했고. 정팔각형 한 내각의 크기를 구하는 과정은 정확하게 중학교 1학년 교과서에 나오는데, 우리 레오는 이번 기회에 경험하게 됐으니 스스로 잘 정리해두면 좋겠어. 그런데 팔각형을 삼각형으로 쪼개는 것 말고 다른 방법은 없을까?"

독자 여러분도 고민해보세요. B2 247 A4 245

"수업 시간에 그렇게 배웠는데 지금 생각해보니 꼭 그럴 필요는 없는 것 같아요. 다른 아이디어가 생각났어요."

"그래?"

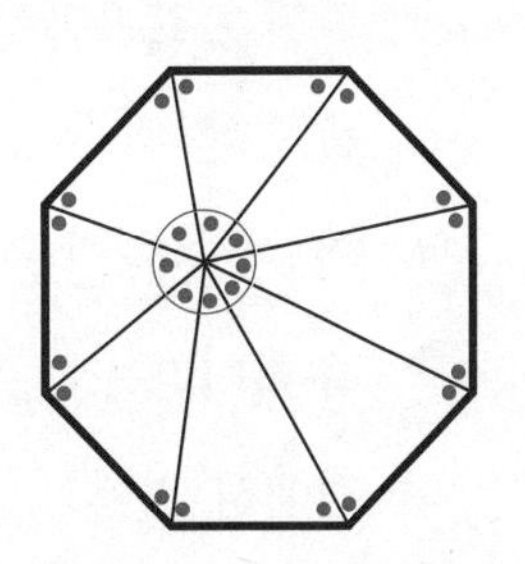

"팔각형 내부에 아무 데나 한 점을 잡고 거기서 각 꼭짓점을 이으면 삼각형이 여덟 개가 나와요."

"아이코, 복잡해."

"들어봐. 각 삼각형마다 각이 세 개씩이니까 전체 24개 각의 크기 합은 결국 삼각형 여덟 개 각의 크기 합이 돼.

$$180 \times 8 = 1440$$

1,440도가 나오지."

"틀렸잖아! 아까는 1,080도가 나왔어."

"그런데 그림의 가운데 부분을 봐봐! 각이 여덟 개가 있는데 이 각은 팔각형의 각이 아니고 그냥 내부에 생긴 거잖아. 그러므로 1,440도에서 이 각을 빼줘야 해!"

"아하, 그렇구나. 이건 원 한 바퀴를 뺑 돈 것이니까 360도.

$$1440-360=1080$$

아까같이 1,080도가 나오네. 정말 신기하다."

"박사님, 저도 교과서와 다르게 생각한 건 이번이 처음이에요. 유럽에 오니까 생각이 넓어지네요." C2 251

"내가 유럽수학체험여행을 기획한 목적 중 하나가 바로 그거야. 문명이나 역사와의 만남은 머릿속이나 교과서에 있는 수학적 원리와 개념을 교과서 밖으로 불러내는 좋은 기회가 될 거라는 생각. 두 가지 방법으로 팔각형 내각의 크기 합을 구해봤는데, 혹시 또 다른 게 있을까?" A4 245

"아이코, 머리 아파요. 두 가지나 생각했는데 또 해요?"

"수학이라는 과목은 답을 내는 것만이 목적은 아니란다. 답을 내는 과정에서 경험하게 되는 다양한 생각을 통해 우리의 지능을 개발시키는 목적도 있어. 여러 가지 아이디어를 만들어내는 과정을 통해 우리 지능이 좋아진다는데, 어떡할까? 그냥 여기서 그만둘까?"

"지능이 좋아진다면 제 자신을 위해서나 2세를 위해서라도 해야죠!"

"조금 어려운 이야기인 듯하지만, 새로운 지식의 이해와 지능의 발달은 상호작용을 한단다. 지식을 이해하는 과정에서 지능이 발달하고 지능의 발달이 새로운 지식 이해에 영향을 미치는 것이지. 수학 공부를 하면서 답을 내는 데만 급급하면 지능은 거의 발달하지 않아. 그러면 수준이 조금만 높아져도 문제 풀기가 어려워지겠지. 수학 공부와 지능 개발은 함께 이루어져야 제대로인 거야."

"네, 더 찾아볼게요. 그런데 머리가 잘 안 돌아가요."

"팔각형 내각의 크기를 구할 때 교과서에서는 주로 삼각형으로 쪼개는 것을 강조하는데, 우리는 다른 아이디어에 대해 고민해보자. 아래 왼쪽 그림을 보면, 사각형으로 쪼갰더니 팔각형이 사각형 세 개로 나눠졌어. 이럴 경우에는 팔각형 내각의 크기 합을 어떻게 구할까?" C5 255

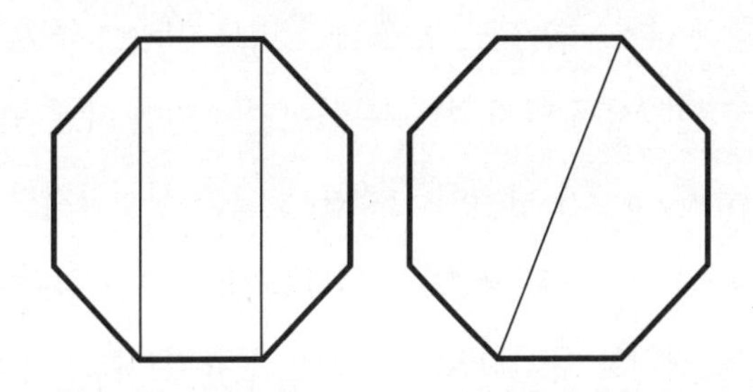

"사각형 한 개가 360도니까 그것을 3배하면, 1,080도. 우아!"

"오른쪽 그림은 대각선 하나만 그어져 있어. 팔각형이 오각형 두 개로 쪼개진 거야. 이번에는 어떻게 하면 될까? 레오가 한번 해볼래?"

"오각형은 내각 합이 540도였던 것 같아요. 그러면 $540 \times 2 = 1080$이니까 1,080도."

"와! 정말 신기해요. 수업 시간에는 왜 항상 삼각형으로만 쪼갰는지 모르겠어요."

"수학 선생님께서 항상 삼각형으로 쪼개라고 말씀하시지는 않았을 거야. 너희가 시험공부에만 매달려서 답 구하는 요령만 익히다 보니 그렇게 된 거지! 수학 공부는 문제의 답만 내는 게 전부가 아니라 여러 가지 아이디어로 문제 해결 과정을 고민하는 것이라는 사실, 명심하거라."

피의 광장이 조화의 광장으로

콩코르드 광장은 20년에 걸쳐 아름답게 만들어졌지만, 많은 사람들이 이곳에서 피를 흘리며 죽어갔단다. 왕과 왕비도 여기서 죽었고, 그들을 죽인 혁명 세력도 여기서 죽었지. 참으로 어이없는 일이 아닐 수 없어.

1774년에 루이 16세가 왕위에 올랐는데 그는 성실하지만 능력이 부족했단다. 당시 특권층(사제와 귀족)은 세금을 내지 않고 있었어. 루이 16세는 선왕의 재정 위기를 유산으로 물려받은 상태였기에 나라의 부족한 돈을 메우려 특별한 조치를 취했지. 특권층이 누리던 면세특권을 폐지하여 공평하게 세금을 거두려 한 것이야. 하지만 그들의 반발로 실패하고 말아. 이로 인해 7월 14일, 파리 시민이 바스티유 감옥을 습격하면서 프랑스 혁명이 시작되었단다. 그리고 베르사유에 머물던 왕과 왕비는 파리로 끌려와 민중의 감시를 받았어. 그 와중에 루이 16세와 마리 앙투아네트 왕비가 해외로 도망치려다 붙잡히고, 루이 16세는 반역 혐의로 콩코르드 광장에서

콩코르드 광장의 표지석.
1763년에는 루이 15세 광장,
1792년에는 혁명 광장으로
이름이 바뀌는 등
그 변천사와 역사가 적혀 있다.

처형을 당하지. 마리 앙투아네트도 같은 장소에서 단두대의 이슬로 사라졌단다.

마리 앙투아네트는 비극의 왕비였지. 당시 프랑스는 유럽의 강대국인 프로이센을 견제하려고 사이가 나빴던 오스트리아와 왕실 간 결혼을 했어. 그래서 그녀는 겨우 14세 나이에 루이 16세와 결혼한 것이란다. 왕비가 되어 사치와 낭비를 일삼아 국민들에게서 많은 비난을 받다가 머나먼 이국땅에서 혁명의 와중에 목숨을 잃은 것이지. 혁명을 일으켜 많은 사람을 죽인 혁명 세력들도 같은 단두대에서 죽었단다. 3년 동안 1,343명이나.

광장에서 1987년에 만든 표지석을 찾아보렴. 콩코르드의 역사가 간단히 적혀 있단다. 콩코르드 광장으로 이름이 바뀐 것은 1795년이야. 시테 광장, 루이 15세 광장, 혁명 광장, 현재의 콩코르드 광장 등 이름의 변화로부터 우여곡절을 알 수 있겠지. 콩코르드(Concorde)는 일치, 조화, 화합을 뜻해. 피바람이 멎은 후, 사람들의 바람과 소망을 담아 지은 이름이겠지.

태양신이 광장의 중심에

광장 네 구석에 보면 여덟 개의 여인상이 있는데, 각각 이름이 있단다. 프랑스의 여덟 개 지방 도시의 이름이지. 광장 중앙에는 높은 기둥인 오벨리스크가 세워져 있는데, 콩코르드 광장의 상징은 뭐니 뭐니 해도 이 오벨리스크야. 두 개의 기단 위에 이집트에서 가져온 오벨리스크가 높이 세워져 있지. 원래 이집트 룩소르 신전에 있던 거래. 룩소르 신전은 너희가 대영박물관에서 본 아멘호테프 3세가 짓기 시작해서 람세스 2세가 완성한 신전이야. 원래는 신전 앞에 한 쌍으로 있었는데 그중 하나를 가져와서 콩코르드 광장에 세운 거야. 당시 이집트 총독은 무함마드 알리였는데, 장-프랑수아 샹폴리옹의 요청에 선물로 주었다고 해. 로제타석을 해석한 사람 말이야. 말이 선물이지 강탈한 것이나 다름없지.

오벨리스크는 태양신의 상징이야. 그림자 길이와 위치를 이용하여 시간을 측정하는 장치이기도 했고. 모양을 보면 사각기둥이 위로 갈수록 가늘어지는 듯하다가 맨 위에는 황금색을 띤 피라미드가 얹혀 있어. 위에 있는 피라미드는 아시리아인의 침입과 페르시아인의 점령 과정에서 분실된 것을 프랑스 정부가 1998년에 복원한 거야. 금박을 씌운 것은 고대에 오벨리스크 꼭대기를 금과 은의 합금인 엘렉트럼으로 쌌던 전통의 영향이지.

오벨리스크

점점 가늘어지는 사각기둥의 정체

"누나, 오벨리스크를 보니까 꼭대기 부분의 피라미드와 그 아랫부분으로 나뉘어져 있는데, 피라미드 말고 그 아랫부분을 뭐라 하지? 사각형 모양인데 위로 올라갈수록 일정하게 작아지면서, 위쪽 뾰족한 부분을 잘라낸 밑동이라고 할까?"

"위로 올라가면서 작아지는 건 사각뿔인데, 그것을 자른 거잖아. 교과서에서 배웠는데, 사각뿔 자른 걸 뭐라 했더라." B2 247

"잘라서 평평해졌으니 그런 것은 보통 '대(臺)'라고 이름 붙인단다. 평평하다는 뜻이야. 그러므로 사각뿔을 자른 건 '사각뿔대'라고 하면 되겠지. 원뿔 자른 것을 원뿔대라고 하거든. 교과서에 그림이 있으니 한번 살펴보자."

중학교 1학년 6단원 평면도형과 입체도형

각뿔을 그 밑면에 평행한 평면으로 잘라서 생기는 두 다면체 중에서 각뿔이 아닌 쪽의 도형을 **각뿔대**라 하고, 밑면인 다각형의 모양에 따라 삼각뿔대, 사각뿔대, 오각뿔대, …라고 한다.
각뿔대의 두 평행한 면을 밑면, 두 밑면에 수직인 선분의 길이를 각뿔대의 높이라고 한다. 각뿔대의 옆면은 모두 사다리꼴이다.

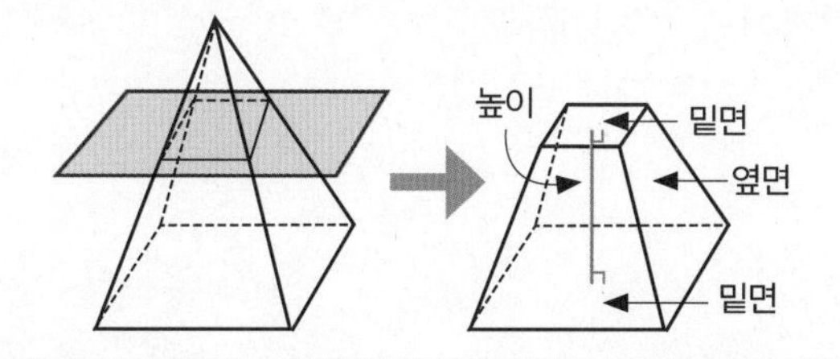

"그럼 사각뿔은 오면체인데, 사각뿔대는 육면체인가요?"

"오면체가 뭐예요? 직육면체나 정육면체에 육면체라는 말은 있는데 오면체도 있어요?"

"오면체나 육면체를 통틀어 다면체라고 하는데, 정육면체는 면이 몇 개니?"

"잠깐만, 하나, 둘, 셋. 넷, 다섯, 여섯. 여섯 개."

"그걸 일일이 세고 있니? 정육면체라는 이름에 육면체라는 말이 있잖아. 면이 여섯 개라서 그런 거야."

"그러니까 오면체는 면이 다섯 개다, 이런 말씀. 이름대로 그냥 생각하면 되네. 이런 건 언제 배워?"

"중1 때 나오는 내용이야. 너도 곧 배울 거야."

"레오야, 그럼 오벨리스크 맨 꼭대기에 얹힌 금색 도형은 뭐라 하지?"

A4 245

"아유, 그건 사각뿔이죠. 교과서에서 배웠어요. 너무 무시하시는 거 아니에요?"

"미안, 미안. 하지만 교과서로 배웠다고 해서 이런 데 와서 교과서 내용을 끄집어내는 학생은 드물단다. 우리 레오는 이제 수학을 교과서 밖으로 끄집어낼 수 있게 되었구나." B2 247

오벨리스크에 한걸음 더 가까이

오벨리스크에는 람세스 2세의 공적을 기록한 상형문자가 있고, 기단 부분에는 오벨리스크를 룩소르 신전에서 콩코드 광장까지 운반해오는 데 사용된 공학 기술이 황금색으로 설명되어 있단다. 광장에서 박사님과 오벨리스크 높이 재기 활동을 하게 될 거야. 기대해도 좋아.

그림자 없이 높이 재기

"이제 오벨리스크에 대해 알아봤으니 높이를 한번 재보자. 높이가 몇 미터쯤 돼 보이니?"

"엇, 우리 안내 책자에는 왜 높이가 안 나와 있어요? 다른 책자에는 있던데."

"다른 여행 책에서 봤는데 기억이 안 나. 이십 몇 미터였던 것 같은데."

"내가 책에 있는 높이를 다 지워놓았지. 얼마인지 외울 필요가 있겠니? 여기서 직접 구하면 되는데. 루브르에서 예고한 게 있지?"

"네, 해가 없어서 그림자의 길이를 잴 수 없을 때 높이를 재는 방법이요."

"생각해봤는데요, 삼각형의 결정조건을 써야 할 것 같아요."

"삼각형의 결정조건? 박사님, 그런 게 있어요?"

"중1 때 나와. 삼각형 안에는 변 세 개, 각 세 개, 합해서 여섯 개가 있는데, 그중 세 개를 알면 다른 세 개를 구할 수 있다는 거야. 박사님, 제 설명이 맞나요?"

"그사이에 고민을 많이 했구나. 오벨리스크 앞에서 삼각형의 결정조건을 생각하는 학생은 거의 못 봤는데. 중3이나 고등학생들은 삼각비를 이용하거든. 그런데 다빈아, 삼각형에서 아무거나 세 개를 알면 다른 세 개를 구할 수 있니?" B2 247 A4 245

삼각형의 결정조건
- 세 변의 길이가 주어질 때(단, 두 변의 길이 합이 나머지 한 변의 길이보다 크다.)
- 두 변의 길이와 그 끼인각의 크기가 주어질 때
- 한 변의 길이와 그 양 끝 각의 크기가 주어질 때(단, 양 끝 각의 크기 합이 180도보다 작다.)

"아하, 제가 성급했어요. 세 개는 세 개인데, 조건이 있어요. 변만 세 개일 때는 아무 상관이 없지만 만약 두 변을 알면 한 각은 반드시 그 사잇각이어야 해요. 변을 하나만 알면 두 각은 그 양 끝 각이어야 하고. 기호로 SSS, SAS, ASA라고 했어요."

"저는 하나도 모르겠어요. 제가 이해할 수 있도록 설명해주시면 안 되나요?"

"삼각형에서 세 변이 주어지면 누구나 똑같은 삼각형을 그릴 수 있다는 것이 결정조건이야. 그리고 두 변과 그 사잇각이 주어져도 마찬가지."

"한 변과 그 양 끝 각이 주어져도 마찬가지? 에이, 들어보니까 나도 아는 거네."

"그래? 그럼 레오가 한번 설명해보렴."

"한 변과 양 끝 각을 알면 합동인 삼각형을 그릴 수 있다는 내용이 5학년에 나와요. 자를 대고 한 변을 그린 다음, 각도기로 변의 양 끝 각을 재어 선을 그으면 만나는 점이 하나 생겨요. 그럼 삼각형 완성!" B2 247

"왜 아까는 모른다고 했어?"

"결정조건이라고 하니까 다른 것인 줄 알았어요." C6 256

"자, 그럼 준비가 다 됐구나. 지금 이 상황은 세 가지 결정조건 중 어디에 해당할까?"

"조금 떨어진 지점에서 오벨리스크를 바라보면 직각삼각형이 나오거든요. 그 지점에서 오벨리스크 밑동까지 거리를 잴 수 있으니 삼각형의 한 변을 구한 것이고, 다른 두 변(빗변과 높이)은 알 수 없으니 삼각형 한 변의 양 끝 각을 구해야겠지요. 그런데 한 각은 직각이니까 서 있는 지점에서 오벨리스크를 바라본 각을 구해야 돼요."

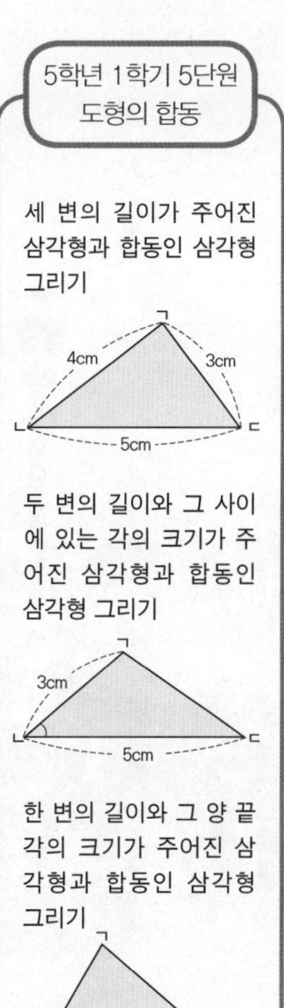

"클리노미터를 사용하나요? 만들어오기는 했지만 지금껏 사용해본 적이 없어서요."

"내가 쓸데없이 만들어오라고 했을 리 없지. 그걸 사용할 거란다."

"근데 왜 각도기에 빨대를 붙이고 추를 매다는 건가요?"

"직접 각을 재어보면 그 이유를 알게 된단다. 누나랑 같이 각을 재어보렴." C1 250

"누나, 내가 빨대로 오벨리스크 꼭대기를

조준할 테니까 각을 읽어줘. 읽었어? 빨리! 팔 아파."

"추가 바람에 약간 흔들려서 읽기 힘들었어. 지금 비교적 흔들리지 않게 해서 재어보니까 51도야."

"그러면 이제 오벨리스크의 높이를 알 수 있는 거야?"

"아직 변의 길이를 재지 않았잖아. 줄자 꺼내봐. 내가 한쪽을 잡고 있을 테니까 오벨리스크 쪽으로 죽 가봐."

클리노미터의 빨대 끝으로 오벨리스크 꼭대기를 겨냥하고 있다.

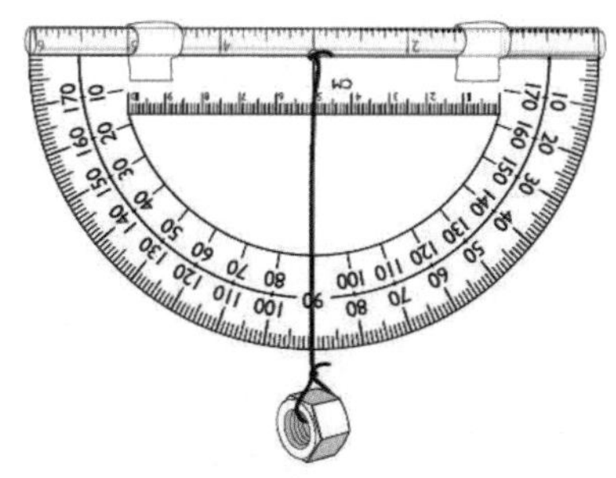

각도기에 빨대를 붙이고 가운데 추를 매달아 만든 클리노미터. 경사를 측정할 수 있는 도구다.

관측자와 오벨리스크 사이의 거리를 측정하고 있다.

"누나, 어디까지 가? 박사님, 여기까지 재면 되나요?"

"나한테 묻지 말고 너희끼리 의논해서 결정해봐." A1 242

"삼각형을 그려보자. 아까 클리노미터로 잰 각이 51도인데 이 각이 어느 각이지? 길이를 잰 변은 또 어느 변인가?"

"변의 길이를 재다 만 것 같아. 더 재어야 하는데, 그러려면 울타리 안으로 들어가야 해. 난감한데……. 아하, 피라미드 높이 잴 때 썼던 방법으로 생각하면 되겠다."

"그래, 울타리가 정사각형이구나. 이번에도 옆에서 길이를 재어 그 절반을 이용하면 변의 길이 완성!"

"누나, 각도 이상해. 우리한테 필요한건 이 변의 양 끝 각인데 추가 이렇게 내려왔으니 양 끝 각이 아니라 나머지 하나를 잰 거잖아. 에이, 헛수고했네. 다시 재자."

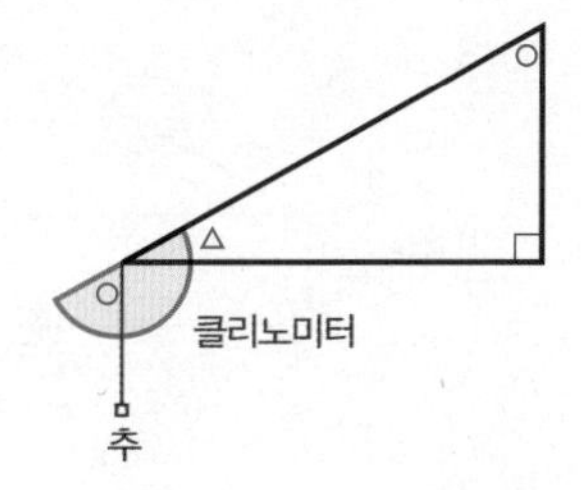

"그렇구나. 다시 해봐. 이번에는 필요한 각을 잴게. 아니, 이상한데. 여전히 이쪽 각은 잴 수가 없어. 저쪽 각만 나오고. 아 맞다! 이게 지금 직각삼각형이잖아. 그러니까 세 각을 알 수 있어! 90도와 아까 잰 51도가 있으니까, 원래 구하려고 한 각은 39도가 되지!

"제대로 했는데 괜히 다시 쟀구나."

"아, 우리가 땅바닥에 각도기를 댄 것이 아니지? 네가 서서 눈에 각도기를 댄 거니까 아직 끝난 게 아니네. 잠깐만 서 있을래?"

"왜? 다 쟀잖아! 뭘 더 재어야 해?"

"그림 봐봐. 뭐가 더 필요할까?"

"내 키? 아니, 내 눈높이. 눈높이가 더해져야겠다."

"이제 실제 길이를 축척으로 줄여서 그려보자. 각이 51도, 여기서 오벨리스크 밑동까지 26.22미터. 삼각형이 이렇게 그려지는구나. 높이를 재면 21.2센티미터니까 축척을 이용해서 계산하면 21.2미터. 끝."

"누나, 또 실수한다. 내 키를 더해야지. 아니, 내 눈높이. 1.58미터야."

"저런! 또 까먹었다. 그러면 21.2+1.58=22.78이니까 오벨리스크의 높이는 22.78미터."

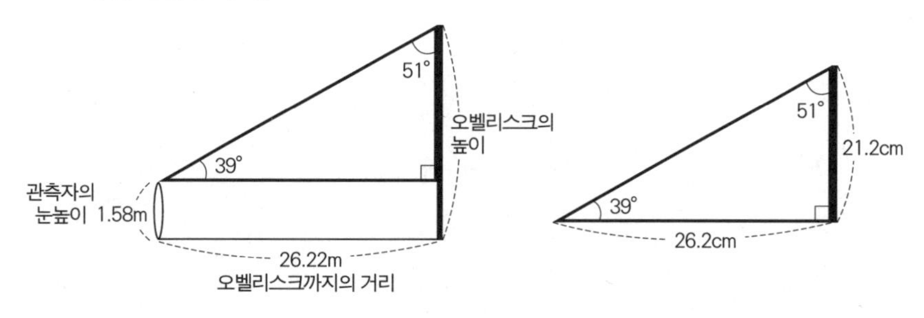

"이제 각이나 길이 재는 것에 선수가 됐구나. 한국에 가면 수학 시간에 측정 활동을 하자고 선생님께 말씀드려봐. 이 실력이라면 친구들에게 시범을 보일 수도 있겠는걸."

"와! 이제 피라미드에 이어서 오벨리스크까지 재고 나니 측정 활동은 다 정복한 것 같아요."

"그래, 같이 한번 정리해보자. 피라미드와 오벨리스크 높이를 재면서 뭘 느꼈니?" A4 245 C6 256

"직접 높이 올라가지 않아도 높이를 잴 수 있다는 거요. 피라미드나 오벨리스크는 올라가기 곤란할뿐더러 올라가는 것이 허용되지 않아요. 그래도 높이를 잴 수 있어요."

"두 높이를 재는 데 차이점이 있어요. 피라미드는 그림자의 길이를 재서 닮음을 이용했고, 오벨리스크는 각도를 재서 축척을 이용했어요. 따라서 피라미드는 해가 떠 있어야만 가능한 방법이고, 오벨리스크는 해와 관계없이 아무 때나 높이를 잴 수 있는 방법이니, 오벨리스크 측정 방법이 더 보편적이네요."

"좋아. 잘 정리되고 있구나. 하나만 더! 너희들이 생각하지 못한 것이 하나 있단다. 피라미드와 오벨리스크는 그 꼭대기의 바로 밑 지점을 어떻게든 찾아서 거기까지의 길이를 잴 수 있었지?"

"그러면 꼭대기의 바로 밑 지점을 찾을 수 없는 경우도 있다는 말씀인가요?"

"생각해보렴. 높이를 가진 모든 물체에서 꼭대기 바로 밑 지점을 찾을 수 있는지."

"아, 산이요. 산은 꼭대기의 바로 밑 지점에 해당하는 흙 속에 들어갈 수 없으니 두 방법 모두 쓸 수가 없네요."

"이런 경우도 있어요. 넓은 호수 가운데 있는 나무의 높이라든가, 강 건너 마을에 있는 정자나무 높이 등은 물 때문에 접근할 수가 없어서 재기 곤란해요."

"각각 서로 다른 것을 찾아냈네. 사실 측량은 역사적으로 홍수가 자주 발생하는 이집트 나일 강변에서 각자 소유한 토지를 다시 정하기 위해 발달했다고 해. 그러나 현대에 와서는 전쟁 때 많이 사용했지. 바로 앞 산속에 적군이 있는 상황을 생각해보렴. 멀리 있는 아군 포병부대에 연락해서 대포로 쏘게 하고 싶은데 그러려면 적진의 높이를 알아야 하지. 그렇다고 높이를 재러 적진에 갔다가는? 아이코, 말도 안 되지. 우리 포병에게 높이 가르쳐주려다 내가 먼저 잡히겠어. 그래서 적진에 접근하지 않고도 높이를 재는 방법이 필요했지. 이건 수학 카페에서 논의할 테니까 그때까지 고민할 시간을 주마."

독자들도 책을 덮어두고 고민해본 후 계속 읽어주세요. 스스로 해결하는 기쁨을 빼앗고 싶지 않으니까요. A4 245 C6 256

"또 다른 과제를 내주시네. 과제가 뭐 이리 거미줄처럼 끊임없어요? 아무 생각 없이 쉬고 싶기도 한데. 그래도 이렇게 계속 생각을 발전시키니 재미가 한층 더 붙는 것 같기도 해요."

흉물과 보물은 종이 한 장 차이

전에 여수 해양박람회에 다녀왔던 것 기억나니? 파리에서도 1889년에 프랑스 대혁명 100주년을 기념하여 만국박람회가 열렸단다. 너희가 파리에서 마지막으로 가볼 에펠탑은 박람회의 주출입구 역할을 했어. 1920년대에 미국에서 고층 빌딩이 건설되기 전까지는 세계 최고 높이였지.

에펠탑은 여러 가지 의미를 갖고 있단다. 이전까지 건축 재료는 주로 돌이었지. 그런데 에펠탑을 계기로 철이 주재료가 되었단다. 철의 시대가 개

막된 거야. 에펠탑은 높이가 300미터였어. 당연히 돌로는 불가능하지. 그래서 공사를 시작할 때 시비가 많았어. 무게를 이기지 못하고 무너질 것이라고도 하고, 파리의 미관을 해치는 혐오스러운 쇳덩어리라고도 했단다. 그런데 적은 노동력과 싼 비용으로 단 몇 달 만에 세워졌지. 생각해봐. 성당 하나 짓는 데 100년, 200년 걸린 것에 비하면 혁명 아니겠니?

에펠탑은 박람회가 끝나면 철거 예정이었지만 결국 파리의 상징이 되었어. 지금도 에펠탑을 보기 위해 관광객들이 몰려들지. 현재 에펠탑은 첨탑과 통신용 안테나가 더해져 더 높아졌거든. 현재 에펠탑의 높이는 얼마일까?

공부하느라 힘들 텐데, 아빠가 또 어려운 문제를 던졌나? 하지만 현장 속에서 '왜 이럴까' 생각해보면 재미있지 않니? 물론 너희들의 기존 지식만으로는 해결할 수 없는 것들도 많이 있을 거야. 하지만 인간에게는 상상력이라는 아주 훌륭한 무기가 있단다. 너희의 상상력을 기대할게. **상상은 지식보다 위대하다.** 아빠가.

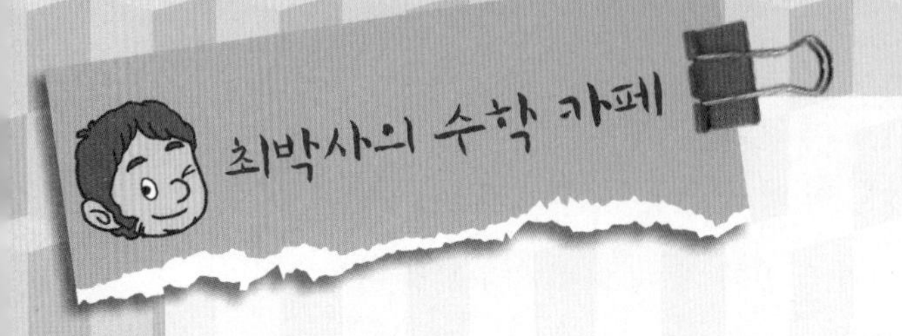

초딩도 알 수 있는 삼각비, 삼각측량법

초등학생의 경우는 삼각비를 모르기 때문에 축소를 이용합니다. '축소와 확대'는 중2에 가서 '닮음'으로 배우는데, 사실 똑같은 것이지요. 이것이 중3에 가면 '삼각비'가 되고요. '삼각비'라는 말이 어려워 보인다고 두려워할 것 없습니다. 초등학생 때 배우는 것과 다 연결되는 내용이에요. C7. 258

초등학교 5학년 때 합동인 삼각형의 성질을 배우는데 이를 6학년에서 배우는 비율과 연결시키면 삼각비가 됩니다. 5학년에서 배우는 내용은, 합동인 삼각형은 대응하는 것끼리 같다는 성질입니다. 구체적으로는, 대응하는 변끼리 길이가 같고 대응하는 각끼리 각도가 같다는 것이죠. 수학자들은 직각삼각형에서 직각이 아닌 한 각의 크기가 구해지면 그 삼각형의 세 변 사이 길이의 비가 일정하다는 성질을 이용해서 그 비를 미리 구해놓았습니다. 그게 삼각비에요. 옛날에는 표로 나와 있었고, 지금은 계산기에 다 내장되어 있어서 편리하게 사용할 수 있답니다.

삼각비에는 사인과 코사인, 탄젠트가 있는데 아까처럼 오벨리스크의 높이를 구할 때 필요한 것은 탄젠트입니다. 탄젠트는 직각삼각형에서 높이와 밑변의 비, 즉 $\frac{(\text{높이})}{(\text{밑변})}$의 값으로 정의됩니다. 말만 어려워 보일 뿐 여러분이 이미 알고 있는 비율 개념 중 하나예요.

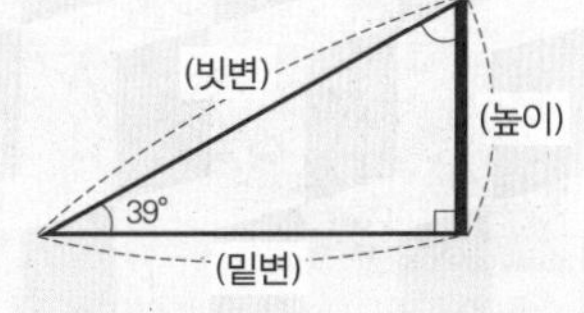

그러면 오벨리스크 높이를 구할 때 이번에는 축척을 이용하지 않고 탄젠트를 이용해서 구하는 과정을 생각해보겠습니다. 지금 알고 있는 것이 각과 밑변이고, 구해야 하는 것이 높이니까 밑변과 높이의 관계인 탄젠트를 이용하는 것입니다. 계산기에서나 삼각비 표에서 보면 탄젠트39도의 값은 0.81입니다. $\frac{(\text{높이})}{(\text{밑변})}=0.81$이니까 높이를 구하려면 밑변의 길이에 0.81을 곱하면 되겠지요. 그러므로 높이는 $26.22\times0.81=21.24$(m). 여기에 각을 잰 사람의 눈높이 1.58미터를 더하면 22.82미터가 나오므로 이게 바로 오벨리스크의 높이가 된답니다.

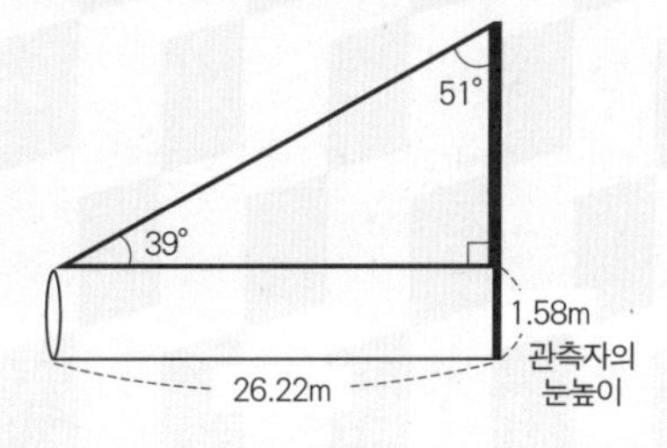

오벨리스크의 높이를 잴 때도 루브르박물관 앞 피라미드 높이를 잴 때와 마찬가지로 그림자의 길이를 이용할 수 있습니다. 그런데 오벨리스크 그림자의 끝은 광장 안이 아니라 차가 다니는 도로에 있기 때문에 주의해야 합니다. 우리는 신호등이 바뀌어 차가 멈출 때 잽싸게 그림자의 길이를 쟀답니다.

그림자를 이용하기 위해 길이를 재고 있다.

이번에는 바로 밑까지 거리를 잴 수 없을 경우를 알아볼까요? 피라미드나 오벨리스크는 다행히도 측정하고자 하는 지점의 바로 밑동에 접근이 가능했습니다. 그런데 세상에는 올라갈 수 없고 밑동에 접근하는 것도 불가능한 경우가 훨씬 많답니다. 예를 들어 수많은 산은 멀리서 꼭대기만 볼 수 있을 뿐이지요. 에펠탑도, 샤요궁 앞에서 에펠탑을 바라보면 광장과 탑 사이에 센 강이 흐르고 있어 각은 잴 수 있지만 거리는 잴 수가 없답니다. 이때 가장 많이 사용하는 측량법이 삼각측량법입니다. 삼각형을 이용하는 데서 붙은 이름입니다. 삼각형 합동의 성질을 이용하면 태백산맥과 같이 수많은 봉우리가 있는 지역에서도 얼마든지 높이를 측정할 수 있답니다.

샤요궁 앞 광장에서 에펠탑을 올려다본 각은 얼마든지 잴 수 있지요. 그러면 거리($\overline{AB}$의 길이)는 어떻게 잴까요? 이때 필요한 것이 삼각형이랍니다. 샤요궁 앞 광장에 삼각형을 만들되 $\overline{AB}$가 포함된 삼각형을 만드는 것입니다. 이제 눈치챘을 것입니다. 삼각형의 합동을 그리는 것이지요. 계속해왔던 작업 중 하나입니다. 이런 데서 삼각형의 합동을 이용하다니, 그게 전문 측량사들이 하는 삼각측량법이라니 어이가 없을 것 같지만 사실이랍니다. 삼각측량법은 정밀해야 하기 때문에 단지 그 계산을 축적을 이용하지 않고 사인법칙을 사용하는 것뿐입니다. 우리는 삼각형의 합동으로 구하면 됩니다. 전문 측량기사가 아니니까요.

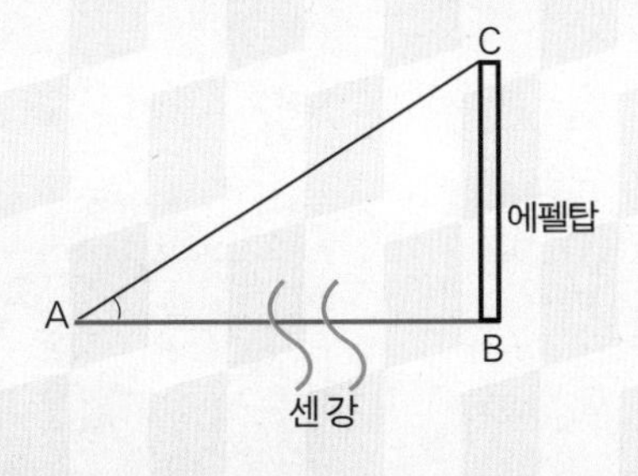

그림을 보세요. $\overline{AB}$ 가 포함된 삼각형에서 $\overline{AB}$ 와 $\overline{BD}$ 는 센 강 때문에 잴 수 없습니다. 그러나 남은 변 $\overline{AD}$ 와 그 양 끝 각의 크기를 재면 합동인 삼각형을 작도해서 잴 수 없는 길이 $\overline{AB}$ 를 구할 수 있답니다.

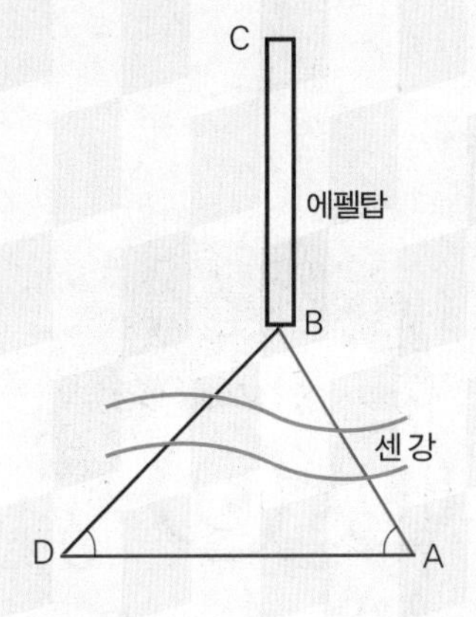

이런 걸 다
어떻게 만들었담?
천재라서
그런가 봐요.
다빈치는
천재가 아니라 그냥
호기심이 많았을
뿐이란다~.
교과 내비게이션
초4
각과 각도
초4
평행과 수직
초5
전개도와
겨냥도
중2
닮음의 중심

레오나르도 다빈치 과학박물관은 다빈치의 다양한 발명품들을
전시해놓은 곳이지. 직접 만지고, 느끼고, 체험해봐.
너희 안에 있는 호기심 많은 다빈치가 느껴질걸?
하나씩 체험하며 그 수학 · 과학적 원리를 확인하게 되는 건 기본이고!

지금쯤 이탈리아로 들어섰을까? 파리를 떠나기가 서운하지는 않았니? 오늘은 밀라노 대성당과 갈레리아, 레오나르도 다빈치 과학박물관에 가게 될 거야. 이탈리아는 프랑스보다 오랜 역사를 갖고 있어서 볼 것, 생각할 것이 그만큼 많은 나라지.

밀라노는 이탈리아 롬바르디아 평원 한복판에 있어. 이탈리아 북부의 가장 큰 도시이고, 이탈리아의 경제 수도라고도 한단다. 세계가 알아주는 명품과 패션의 도시이기도 하지. 313년에 콘스탄티누스 대제가 그리스도교를 공인한 '밀라노 칙령'이 선포된 곳이고, 나폴레옹 시대에는 이탈리아의 수도이기도 했지. 그리고 레오나르도 다빈치와 인연이 깊은 곳이야. 〈최후의 만찬〉이 산타마리아 델레 그라치에 성당에 있고, 레오나르도 다빈치가 건축에 관여한 것으로 알려진 스포르체스코 성도 여기에 있거든.

시선이 한곳으로 모인다

"이 성당은 들어가는 게 왜 이리 까다롭나요?"

"산타마리아 델레 그라치에 성당에는 사실 그림 하나 보러 가는 건데, 그 그림이 워낙 유명하니 그렇겠지. 그리고 가서 보면 알겠지만 그림이 많이 손상되어 있단다. 그래서 15분 간격으로 20~30명만 들여보내고 있어. 예약하기가 무지 힘들지."

"그럼 여기 있는 것이 〈최후의 만찬〉 원본인가요?"

"그렇단다. 〈최후의 만찬〉은 예수가 죽음을 앞두고 열두 제자와 마지막 저녁을 먹는 장면을 그린 작품이야. 당시는 그게 많은 화가들의 그림 주제였지. 그중 이 그림이 유명한 것은 완벽하게 원근법이 적용됐기 때문이야. 벽화를 정면에서 보았을 때 모든 시선이 한곳을 향하고 있는데, 미술에서는 그 점을 소실점이라고 한단다. 소실점을 한번 찾아보렴."

레오나르도 다빈치의 그림 〈최후의 만찬〉. 산타마리아 델레 그라치에 성당에서 원작을 볼 수 있다.

"모든 선이 예수님 얼굴에 모이는 것 같아요. 그럼 예수님 얼굴이 소실점이 되나요?"

"그렇지. 게다가 다빈치는 각 인물을 그릴 때 그들의 성격을 반영했다고 해. 예수를 배신하게 되는 제자 '유다'는 푸른색과 녹색 옷을 입고 있으며, 탁자에 팔꿈치를 대고 있는 유일한 사람으로 묘사되어 있어. 찾을 수 있겠지?"

"저기 왼쪽에서 네 번째, 얼굴 검은 사람인가요?"

"미안하지만, 여행을 통해 직접 경험할 사람들의 즐거움을 위해 지금 여기서는 답을 해줄 수가 없구나." B3 248

밀라노 대성당의 자오선

밀라노 대성당과 갈레리아, 그리고 레오나르도 다빈치 동상은 한곳에 모여 있지. 밀라노 대성당에는 성인과 동물을 묘사한 조각상이 3,500여 개나 있단다. 그래서 밖에서 보면 아주 화려하지. 그리고 그 안에 자오선이 있다는 것으로 관심을 받는단다. 직접 밀라노 대성당에서 자오선을 확인해보렴.

밀라노 대성당 바닥의 자오선

성당 옆에는 갈레리아가 있단다. 철과 유리로 된 돔 천장이 덮고 있는 상점가 거리야. 통일 이탈리아의 초대 왕 비토리오 에마누엘레 2세가 만든 것이지. 바닥은 황소, 늑대, 백합, 흰 바탕의 붉은 십자가 문장으로 아름답게 장식되어 있단다. 통일 이탈리아의 주축이 된 토리노, 로마, 피렌체, 밀라노를 상징하지.

자오선을 발견하다

"밀라노 대성당은 고딕 양식의 대표적 건물로 유명하지. 성당 안에서 자오선을 찾을 수 있었니?"

"네, 성당 입구에 좌우로 길게 그려져 있었어요. 성당의 입구가 서쪽이고, 해는 남쪽에서 비치니까 성당 오른쪽 위로 구멍이 나 있었고, 거기서 비친 햇빛으로 만들어진 자오선이 성당을 좌우로 가로지르고 있었어요. 성당이 좌우로는 넓지 않아서 그런지 자오선이 가다 멈추었어요. 그래서 해가 비친 지점은 바닥이 아니고 벽이었어요."

"로마 산타마리아 델리 안젤리 성당에 가면 잘리지 않은 자오선을 정확히 볼 수 있단다. 구체적인 논의는 로마에서 하는 걸로 하자."

레오나르도 다빈치를 만나다

갈레리아를 지나면 동상이 하나 있을 거야. 팔짱을 낀 채 고개를 숙여 스칼라 극장을 내려다보고 있지. 마치 '나도 음악을 아는 사람이야.' 하듯이 말이야. 바로 레오나르도 다빈치 동상이란다. 사실 레오나르도 다빈치는 밀라노 궁정에 음악가로 소개되었어.

어젯밤에 갑자기 우리 아들이 보고 싶어서 레오 네 방에 들어가 봤단다. 너는 어릴 때부터 호기심이 많았지. 봄에 나비가 날아다니면 그걸 흉내 내느라 정신없었고, 만들기도 좋아해서 이것저것 사들여 방을 가득 채웠어. 아직도 그것들이 방에 가득하더구나. 어릴 적에 레오나르도 다빈치가 너와 같았을까.

오후에 과학박물관에 가게 될 텐데, 그곳에는 레오나르도 다빈치가 평생 연구한 것들이 전시되어 있어. 레오나르도 다빈치는 무엇이든 굉장히 깊이 연구한 것으로 유명하단다. 자신이 연구한 것을 기록으로 남겼는데, 그게 3만 쪽 정도 된다고 하니 정말 열심히 연구하고 기록한 거지. 그중 지금은 6,000여 쪽만 남아 있다고 해. 연구 분야도 예술 분야에만 머문 것이 아니라 물리학, 수력학, 기상학, 공학, 인상학, 해부학, 지리학, 천문학 등 다양한 분야를 연구했단다. 너무 많은 분야에 신경 쓰다 보니 그림 그릴 시간은 모자랐을 게야. 화가로서는 그림을 겨우 20여 점만 남겼거든. 그 그림이 다 유명하기는 하지만. 우리 아들처럼 아주 호기심이 많았던 사람이지. 과학박물관에 가보면 확실히 느끼게 될 거야.

여러 전시관 중에서 꼭 들러볼 곳이 있단다. 시계 전시관이지. 이곳에는 대영박물관과 그리니치 천문대에서 보지 못한 시계들이 있을 거야. 해시계, 모래시계가 다양하게 전시돼 있고, 이집트의 물시계도 있단다. 양초시계와 기름램프시계는 어디에서도 보기 힘든 것이지. 7면으로 만들어진 천체시계도 있을 텐데, 각 면에는 달과 태양 그리고 태양 궤도를 도는 행성

이름이 붙어 있을 거야. 이것은 1년간 시간, 날짜, 천체의 위치를 계산하는 장치란다. 물론 이 천체시계는 천동설에 기초하여 만들어진 것이지. 아빠가 이 시계를 발견한 순간을 떠올리면 지금도 가슴이 두근거린단다.

지구가 우주의 중심? '천동설'
지구가 우주의 중심으로 고정되어 있고, 지구의 둘레를 달 · 태양 · 행성들이 고유한 궤도에 따라 공전한다고 보는 우주관이야. 이런 생각은 16세기까지는 널리 받아들여졌는데, 이후 코페르니쿠스의 '지동설'로 대체되었지.

이곳에서 보게 될 또 하나의 재밋거리는 유럽 여행 중에 많이 보았을 거대한 탑시계의 내부 장치란다.

또한 이 박물관에서는 전시물을 직접 체험할 수 있어. 현지 선생님 설명을 잠깐 듣고 나면 하나하나 직접 만지고 체험할 기회가 있을 거야. 그러니까 내일은 너희가 레오나르도 다빈치가 되는 거야.

이번 여행의 핵심은 직접 체험이란다. 모든 것에 다 부딪쳐보는 거야. 호기심을 감추지 말거라. **호기심, 그것은 인간을 인간답게 만든단다.** 사랑하는 아빠가.

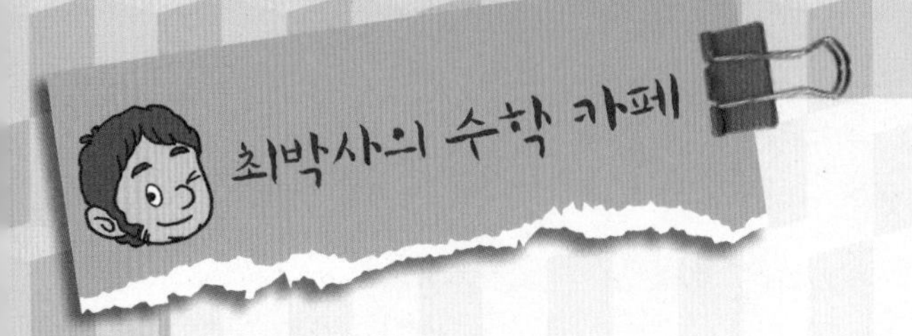

호기심 만발! 레오나르도 다빈치 과학박물관

레오나르도 다빈치 과학박물관에는 여러 가지 실험실(lab)이 있는데, 이 중 수학과 과학을 체험해보기 좋은 곳은 'i.lab Leonardo'입니다. 미리 예약을 하고 가야 해요. 큐레이터가 실험실에서 한 시간, 박물관을 돌며 한 시간 동안 전시물을 설명해줍니다. 실험실에서는 모든 물건에 대해 설명을 듣고 각자가 체험할 수 있지만, 실험실 밖의 전시물에는 일절 손을 댈 수 없답니다. 그러니 직접 만지고 느끼면서 수학을 체험해보려면 실험실을 예약하는 것이 꼭 필요해요. 그냥 박물관만 구경하게 되면, 전시물들의 원리를 이해하는 것도 어렵고 전시된 물건이 많아서 어느 하나 제대로 볼 수 없을 것입니다.

실험실에는 레오나르도 다빈치가 발명한 물건 중 재생 가능한 것들이 있습니다. 하나씩 체험하면서 그 수학적, 과학적 원리를 확인할 수 있어요. 체험하게 되는 발명품은 다양합니다. 먼저 새의 날개 모양 기구가 있는데, 모형을 나무 막대로 연결하여 움직여보면 새가 공중에서 날개 젓는 모습을 눈으로 볼 수 있습니다. 날개의 구조와 운동 원리를 배울 수 있는 것이지요. 소나무 씨앗이 떨어지는 걸 보고 착상했다는 프로펠러도 있어요. 기구를 돌려 헬리콥터를 위로 올려보면 작동 원리를 알 수 있지요. 다양한 도르래도 있는데, 서로 다른 도르래를 잡아당기면서 힘을 비교해볼 수 있게 되어 있어요. 일의 양과 움직이는 거리에 따른 힘의 크기를 쉽게 이해할 수 있지요. 또 나무 막대만 여러 개 놓여 있는 기구도 있는데, 이것은 못이나 다른 고정 장치 없이 나무 막대만으로 다리를 만들어 보는 체험을 위한 것입니다. 급하게 다리를 설치하기도 하고 파괴하기도 해야 하는 전쟁 상황에서 유용한 기술이지요. 직접 막대만 가지고 다리를 완성해보면 감탄사가 절로 나올 거예요.

레오나르도 다빈치가 만든 것은 아니지만 양수기의 원리를 체험할 수 있는 기구도 있습니다. 아르키메데스가 만든 양수기의 원리를 보다 쉽게 이해할 수 있도록 물 대신 구슬로 운영되지요. 잠시 후 가게 될 피렌체의 아르키메데스 수

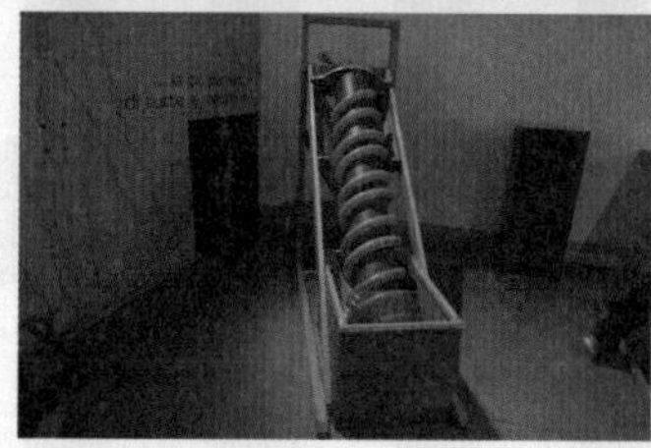

발명 원리를 체험해볼 수 있는 다양한 교구들. 도르래와 다리 모형, 아르키메데스의 양수기.

학박물관에서 물을 끌어올리며 그 공통점과 차이점을 경험할 수 있을 것입니다.

실험실에서의 체험이 끝나면 박물관 곳곳을 돌아다니며 설명을 듣기도 하고 자유롭게 관람하기도 하는데, 실험실에서의 체험과 연결되는 발명품을 많이 볼 수 있습니다. 다빈치가 단순한 화가가 아니었다는 말을 이해할 수 없었던 사람들도 박물관 관람 후에는 그 말이 당연하게 느껴지지요. 그래서 다빈치의 미술 작품은 다른 화가에 비하면 아주 소량입니다. 또한 다빈치의 직업을 설명한 글을 보면 무려 20여 가지나 됩니다. 해부학자, 식물학자, 지리학자, 지질학자, 건축가, 도시계획가, 엔지니어, 기마가, 발명가, 수학자, 물리학자, 철학자, 군사과학자, 의상 및 무대 디자이너, 해학가, 이야기꾼, 음악가, 요리사 등이지요.

흔히 다빈치를 천재라고 하는데 나는 학생들에게 그렇지 않다고 설명합니다. 다빈치를 천재라고 하면 우리 아이들은 도전을 포기할 가능성이 많습니다. 그래서 나는 다빈치의 천재성은 무시하고 그가 평생 견지했던 7가지 원칙을 설명합니다.

다빈치의 7가지 특성 중 최고는 호기심입니다. 다양한 호기심 때문에 미술에만 전념할 수는 없었다고 이해하면 됩니다. 이외에도 실험 정신, 철저한 감각(시각), 불확실성에 대한 포용력, 예술과 과학의 융합, 육체적인 체험의 중시, 여러 가지 현상의 연결 관계에 대한 집중력 등입니다. 이 중에서 불확실성에 대한 포용력은 오늘날 창의적인 인간의 특성으로도 많이 이야기되고 있는 것입니다. 결국 다빈치는 창의성을 많이 개발한 인간이었습니다. 창의성 역시 타고나는 것이 아니라 개발되는 것이기 때문입니다.

레오나르도 다빈치 과학박물관을 다녀온 후로 아이들에게 엄청난 호기심이 발동되는 것을 느낄 수 있었습니다. 여러 가지 현상에 대해 질문이 많아지고, 이것저것 되지 않는 것도 연결해보려 하며 기회가 날 때마다 직접 체험해보려는 시도가 늘어났던 것입니다.

피사는 과학자와 수학자를 낳은 도시란다.
피보나치수열을 만든 레오나르도 피보나치,
지동설을 주장한 갈릴레오 갈릴레이의 고장이지.
피사의 사탑은 얼마나 기울어 있을까? 궁금하지 않니?

초4
삼각형의
내각의
크기

교과 내비게이션

초5 합동인 삼각형 → 초6 비율과 황금비 → 중1 삼각형의 결정조건 → 중2 확대와 축소 → 중3 이차방정식과 삼각비 → 고1 피보나치 수열

밀라노에서 레오나르도 다빈치와 헤어지기가 서운했을 것 같구나. 피사까지 네 시간이나 걸리는 버스 여정은 조금 피곤하지 않았니? 그래도 레오나르도 다빈치의 여운으로 그 여정이 짧게 느껴졌을 것만 같아. 피사는 작지만 큰 도시지. 피사가 없었다면, 위대한 수학자와 과학자를 만나기 어려웠을지도 몰라.

피보나치, 숫자를 수입하다!

루브르박물관에서 만난 황금비를 생각해보렴. 그게 피보나치수열로 연결된댔지? 피보나치수열을 만든 수학자 레오나르도 피보나치가 피사에서 태어났단다. 피보나치를 기념하여 세워진 석상이 피사 대성당 옆의 캄포산토에 있지. 그는 피사 공화국의 고문관이었던 아버지를 따라 아프리카 알제리에서 어린 시절을 보냈단다. 어릴 때부터 수학에 관심이 많았는데 알제리에서 아라비아숫자를 만나게 되었지. 당시 유럽에서는 로마숫자가 쓰이고 있었어. 피보나치는 로마숫자보다 아라비아숫자가 훨씬 쉽고 효과적이라는 것을 깨닫게 되었지. 그리하여 지중해 연안의 이슬람 국가들을 여행하고 피사로 돌아온 후 아라비아에서 배운 다양한 계산법과 수학 지식을 담아《리베르 아바치》(Liber Abaci, 산술 교본)라는 책을 썼단다. 이를 계기로 우리가 쓰는 아라비아숫자가 유럽에 전파되기 시작했지.

해바라기 속에 피보나치수열이?

"피사 하면 기억나는 게 있지?"

"네. 피보나치수열이요!"

"어디서 그 얘기가 나왔지?"

"파리 루브르박물관에서 황금비 설명하시며 말씀하셨고, 피사에 가서 얘기할 거니까 공부해놓으라고 하셨어요."

"그래. 조사한 결과를 말해보거라." A1 242

"피보나치수열은 1, 1, 2, 3, 5, 8, …… 이렇게 되는 거예요. 계속 만들 수 있어요."

"앞의 두 수를 더하면 그다음 수가 되는 규칙인데, 자연에서 많이 볼 수 있다고 해요. 나뭇잎이 자라는 모양이라든가, 생물이 성장하는 데서 많이 발견할 수 있어요."

"우리 주변에서 볼 수 있는 것을 예로 들어볼까?"

"꽃잎의 수를 보면 세 장이나 다섯 장, 여덟 장, 열세 장 등인데 이러한 수가 피보나치수열에 나오는 것들이에요. 근데 박사님, 꽃들이 피보나치 수만큼의 꽃잎을 가지는 특별한 이유가 있나요?”

“아주 중요한 질문이야. 사실 나는 너희들이 단순한 조사만 하기를 원하지는 않는단다. 그런 자료는 인터넷에서 얼마든지 찾을 수 있고 누구나 알아낼 수 있어. 왜 그런 일이 벌어지는지를 고민하는 것이야말로 진짜 필요한 탐구 활동이라고 할 수 있지.” A4 245

붓꽃 / 채송화 / 패랭이 / 모란 / 코스모스 / 금잔화

꽃잎 수 3장 / 꽃잎 수 5장 / 꽃잎 수 8장 / 꽃잎 수 13장

“저도 그게 궁금해서 자료를 찾아봤어요. 꽃이 활짝 피기 전까지 꽃잎이 봉오리를 이루어 꽃 안의 암술과 수술을 보호하는 역할을 하기 위해서는 꽃잎들이 이리저리 겹쳐져야 하는데, 피보나치수열에 나타난 수일 때 꽃잎을 겹치기가 가장 효율적이라고 했어요.”

“그렇구나. 나도 전공이 생물학이 아니다 보니 보다 정확하게 설명할 능력은 없어. 귀국해서 생물 선생님께 꼭 여쭤보고 정확한 이유를 파악하는 것, 잊지 말거라.”

“제가 조사한 것은 해바라기였는데요, 씨가 박힌 모양을 보면 시계 방향과 반시계 방향의 나선을 발견할 수 있고, 이 나선의 수는 해바라기 크기에 따라 다르지만 한쪽 방향으로 21열이면 반대 방향으로 34열, 또는 34열과 55열, 이렇게 항상 이웃하는 피보나치수열의 두 수를 이룬다고 해요. 해바라기가 이렇게 나선형 배열을 하는 것은 좁은 공간

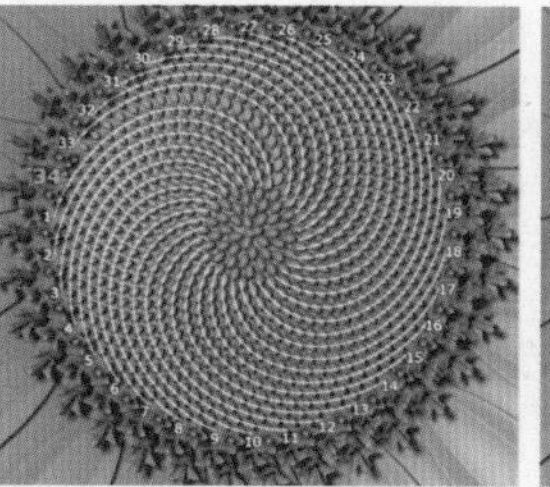
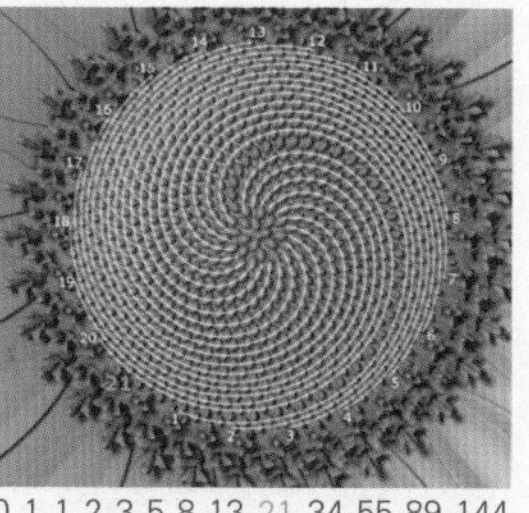

0 1 1 2 3 5 8 13 21 34 55 89 144　0 1 1 2 3 5 8 13 21 34 55 89 144

해바라기 씨는 오른쪽으로 휜 나선과 왼쪽으로 휜 나선을 따라 배열되어 있는데, 오른쪽 나선과 왼쪽 나선의 수는 항상 피보나치수열의 이웃하는 두 수를 이룬다.

에 많은 씨를 촘촘하게 배열해 비바람을 잘 견뎌내기 위한 것이라 하는데, 이 내용을 완전히 이해한 것은 아니에요."

"그래. 그런데 피보나치수열과 황금비의 관계에 대해서는 조사해보았니?" C6 256

"아직은 잘 모르겠어요. 그저 피보나치수열의 두 수 사이의 비가 점점 황금비에 가까워져간다는 것은 발견할 수 있었는데, 왜 그런지는 설명 못하겠어요."

"레오야, 피보나치수열의 두 수 사이의 비, 계산해봤니?"

"누나랑 계산기로 열 개 정도 해봤더니 신기하게도 황금비 1 : 1.618로 점점 가까워져가는 것을 발견했어요. 한번 보실래요?

$\frac{1}{1}=1$, $\frac{2}{1}=2$, $\frac{3}{2}=1.5$, $\frac{5}{3}=1.667$, $\frac{8}{5}=1.6$, $\frac{13}{8}=1.625$, $\frac{21}{13}=1.615$, $\frac{34}{21}=1.619$, $\frac{55}{34}=1.618$, $\frac{89}{55}=1.618$

이렇게 한 열 번 정도 나눠보니까 1.618이라는 황금비가 나오기 시작했어요. 그런데 피보나치수열이 왜 황금비가 되는지는 잘 모르겠어요."

"사실 그 관계를 정확히 설명할 수 있으려면 중3은 돼야 하지. 이차방정식을 배워서 그 근을 구하는 공식, 즉 근의 공식을 사용해야 하는데, 아직 배우지 않아 이해하기 어렵겠지만 설명을 해주마. 이해가 되지 않거든 그냥 참고로 듣기만 하자."

"공식을 알려주시면 그대로 이용할 수는 있으니까, 일단 답을 구하는데 이용만 하고 정확한 이해는 나중에 할게요." C5 255

"피보나치수열이 만들어진 원리는 알고 있겠지. 앞 두 수의 합이 그다음 수가 된다는 원리야. 만약 a, b, c가 순서대로 피보나치수열을 이룬다면 세 수 사이의 관계를 어떻게 표현할 수 있겠니?"

"그 정도는 저도 할 수 있어요. a+b=c가 되겠죠."

"다빈이도 같은 생각이니?"

"네, 저도 마찬가지예요."

"자, 그럼 우리가 보고 싶은 것은 두 수 사이의 비니까 $\frac{b}{a}$와 $\frac{c}{b}$의 값이 되겠구나. 앞의 식 a+b=c에서 양쪽을 b로 나누면 $\frac{a}{b}+1=\frac{c}{b}$가 될 테고."

"그런데 왜 b로 나누나요?"

"아주 중요한 질문이다. a+b=c에서 양쪽을 무엇으로 나눌지에 대해 결정하는 것은 대단히 중요한 문제야. a나 c로 나눌 수도 있지만 기왕 나눈 결과가 우리가 보고 싶은 것이 모두 나타나는 방향이면 좋겠지. 그것이 b로 나눠야만 하는 이유가 되는 거야. 그런데 우리가 발견해야 할 것은 $\frac{b}{a}$와 $\frac{c}{b}$가 둘 다 결국 황금비가 되는 것이니, 황금비를 x라 하면 $\frac{b}{a}=\frac{c}{b}=x$가 될 테고, 저 식은 $\frac{1}{x}+1=x$로 바뀌지. 그리고 양쪽에 똑같이 x를 곱해주면 $1+x=x^2$이라는 이차방정식이 나오게 되고."

"아하, 그런데 왜 양쪽에 x를 곱한 건가요?"

"역시 중요한 질문이야. 다빈이는 어떻게 생각하니?" B4 249

"분모에 x가 있으니 분모를 없애려고 한 것 같아요. 초등학교 때부터 계산할 때는 항상 분모를 먼저 정리했던 것 같아요."

"정확해! 그러면 아까 이차방정식은 $x^2-x-1=0$이 되고 근의 공식을 이용하면 x의 값을 구할 수 있게 되는 거야."

"근의 공식 좀 써주세요. 제가 구해볼게요."

"이차방정식 $ax^2+bx+c=0$의 근의 공식은 $x=\frac{-b\pm\sqrt{b^2-4ac}}{2a}$. 근을 구할 수 있겠지?" C5 255

"$a=1$, $b=-1$, $c=-1$이니까 대입하면 $x=\frac{1\pm\sqrt{1+4}}{2}=\frac{1\pm\sqrt{5}}{2}$가 되네요."

"$\sqrt{5}$가 뭐예요? 어떻게 계산해요?"

"이것도 중3이 되어야 배우는 건데, 약 2.236이라는 값을 가지는 수야. 무리수라는 것이지. 이 값을 넣고 계산해보자. +, - 중 -는 음수가 나오니 생각하지 말고."

"그러면 $\frac{1+2.236}{2}=\frac{3.236}{2}$. 약분하면 1.618. 와! 정확히 황금비가 나오네요. 박사님, 진짜 신기해요."

"어려워서 이해는 잘 가지 않지만 결론적으로 황금비가 나왔다는 것만으로도 가슴 벅찬 느낌!"

"머리가 좀 아프겠지만 왜 황금비가 나오는지 보고 싶다면 머리 아픈 것은 조금 감수해야지."

"이차방정식 푸는 데서 머리가 터질 듯했는데, 황금비를 보니까 다 나았어요."

"다행이구나. 너무 머리 아프게 한 것 같아 미안했는데."

"오히려 빨리 중3 돼서 이차방정식의 근의 공식을 배워보고 싶어요. 근의 공식이 어떻게 나왔는지 궁금하기도 하고요. 그런데 이런 것을 선행학습이라고 하지 않나요? 저는 선행학습 하는 친구들이 불쌍해 보여요. 우리 반에는 중3 수학을 벌써 끝내고 고1이나 고2 수학을 선행하는 애들이 있는데, 수업 시간에 보면 저보다 더 모르는 것 같아요. 그래도 불안해요. 선행학습을 꼭 해야 하나요?"

"고민해봐야 할 문제야. 제 학년에 배우는 개념을 정확히 이해하면 상급 학년에 가서도 전혀 지장이 없단다. 그리고 이런 기회에 중3이 되면 이런 내용이 나온다는 것 정도 들어두는 건 선행학습이라고 할 수 없겠지. 오히려 이렇게 부담 없이 들어두었다가 나중에 교과서에서 보게 되면 반가울 테고, 동기 유발이 이미 되어 있어 더 쉽고 즐겁게 배울 수 있겠지. 선행학습에서는 모든 것을 가르치려드니까 문제야." C4 254

"박사님, 그러니까 수학 공부는 그때그때 배우는 개념을 정확히 이해하는 것으로 충분하다는 말씀이지요? 하지만 초등학생이 중학교 내용을 자연스러운 기회에 들어두는 것은 나중에 효과를 발휘할 수 있다. 그리고 선행학습은 하지 않아도 불안해할 필요는 없다. 뭐 이런 정도로 이해할게요."

"저는 오늘 배운 것을 정리해볼게요. 루브르에서 본 황금비는 자연에서 가져온 가장 아름다운 비율이다. 왜냐하면 자연의 변화를 가장 잘 나타내는 피보나치수열이 결국 황금비에 가까워가는 수치라는 것을 확인했으니까. 그리고 중3에서 배우는 이차방정식의 근의 공식은 $x=\frac{-b \pm \sqrt{b^2-4ac}}{2a}$ 이다."

"그래, 내가 정리하지 않아도 이제 알아서 잘들 하는구나. 노트에 잘 기록해두었다가 나중에 중3이 되면 펼쳐보렴."

기적의 광장

피사에서 가장 유명한 사람은 갈릴레오 갈릴레이란다. 과학자들은 갈릴레이를 '근대과학의 아버지'라 부르지. 이론적으로 연구하는 데서 그치지 않고 직접 실험하며 여기에 수학을 더해 과학 발전에 기여했기 때문이야. 갈릴레이의 아버지 빈센초는 류트 연주자이면서 음악 이론가였단다. 그는 단순한 이론에만 머물지 않고 실험을 병행했지. 이런 아버지 밑에서 갈릴레오 갈릴레이가 성장한 거야.

이제 가볼 '기적의 광장'은 갈릴레이와 관계가 깊단다. '기적의 광장'에는 대성당과 세례당, 종탑이 모여 있는데, 우리가 사탑으로 알고 있는 것이 실제로는 종탑이란다. 8층으로 이루어진 건물로 8층에 종이 달려 있어. 높이는 약 56미터, 지름은 15.5미터지.

무엇보다 얼마나 기울어 있는지 궁금하지? 지면에서 수직선을 그었을 때, 1350년에는 1.4미터, 1917년에는 3.9미터, 1996년에는 5.4미터가 기울어 있었다고 해. 어떻게 그런 일이 생겼을까? 그렇게 높으면 무게 때문이라도 기울다 못해 무너질 텐데 말이야.

이 종탑은 4층 공사를 진행할 때부터 기울기 시작했단다. 기초 부분의 토질이 일정하지 않아서 기우는 현상이 나타났던 거야. 당시로는 그 문제를 해결할 수가 없어 공사가 중단되었지. 자세히 보면 중간쯤부터 기운 각도가 다를 거야. 당시 5, 6, 7층을 올리면서 조금 덜 기울게 했거든.

입구에 들어서면 가운데가 원통형으로 비어 있는 구조야. 나선형 계단을 따라 8층까지 올라가야 하지. 조금 어지럽기도 할 거야. 8층은 원통을 막아 정육각형 구멍으로 빛이 들어가도록 되어 있단다. 그래서 밑에서 보면 원통형의 내부 모습이 보이지. 8층 꼭대기에 서면 피사 시내가 시원하게 보일 거야. 피사 대성당도 다 보이고. 십자가 모양으로 보일 텐데, 십자가 가장 윗부분이 둥근 형태로 돌출된 것을 볼 수 있단다. 다른 성당에서는 좀처럼 보기 힘든 모습이지.

얼마나 기울어 있을까?

"저기 피사의 사탑이 보이는구나. 어때?"

"사진에서 보는 것보다 훨씬 웅장하고 커요. 그리고 기운 각도가 5도쯤 된다고 해서 얼마 안 될 거라고 생각했는데, 꼭 금방이라도 넘어질 것 같아요."

"아빠가 조금 어지러울 거라고 했는데, 여기서 봐서는 조금이 아니라 많이 어지러울 것 같아요. 한국에서 과학관 갔을 때 기울어진 방에 들어간 적이 있는데, 잠깐 들어가서도 멀미가 날 정도로 어지러웠거든요. 저 탑에 올라갈 생각을 하니 그때 생각이 나서 벌써 속이 메스꺼워요."

"그래. 그럼 멀미를 하기 전에 기운 각도를 측정해보자. 파리 콩코르드 광장에서 오벨리스크 높이를 재기 위해 클리노미터를 사용했지. 여기서는 클리노미터로 탑의 기운 각도를 측정해보자." C1 250

"레오야! 이번에는 내가 클리노미터를 사용할 테니 네가 각을 읽어줘. 이번에는 탑이 기운 방향에 각도기를 맞춰야겠다. 추가 바람에 흔들리니까 조심해서 정확히 읽어야 해."

"5도와 6도 사이야. 5.5도라고 하면 될까?"

"그래? 그럼 그걸로 뭘 더 알 수 있을까?" A4 245

"또 수학 문제 푸는 거예요? 각만 재면 되는 것 아닌가요?"

"저도 궁금한 게 있어요. 갈릴레이가 지금 살아 있어 탑 꼭대기에서 공을 떨어뜨린다면 공이 떨어지는 위치가 탑의 아랫부분에서 얼마나 떨어진 지점일지가 궁금해요. 그런데 그걸 구하는 게 가능한가요?"

"글쎄다. 시간을 줄 테니 생각해보렴." B3 248

"누나, 일단 그림으로 그려보자. 수학 교과서에 소개된 문제 해결 전략 중 그림을 그려보라는 게 있었어. 자, 탑을 그리고 그 높이는 56미터, 우리가 재어서 나온 각은 5.5도, 갈릴레이가 여기서 공을 떨어뜨리면 수직으로 떨어질 테니까 직각삼각형이 저절로 그려지네. 아, 삼각형! 삼각형에서는 어느 세 가지만 알면 다른 것을 구할 수 있다고 했잖아. 지금 56미터는 이 삼각형의 변이고, 5.5도는 각이네. 그런데 두 개밖에 안 되는구나. 이걸로는 아직 아무것도 해결할 수 없잖아."

"가만, 잠깐만, 이게 수직으로 떨어지니까 여기가 90도야. 각을 하나 더 알고 있는 거네. 세 가지가 다 됐어. 그런데 우리가 알고 있는 두 각이 변의 양 끝 각이 아니야. 그럼 안 되는데."

"누나, 삼각형은 180도잖아. 그러니까 두 각을 알면 나머지는 저절로 아는 것 아니야? 여기가 5.5도, 저기가 90도니까 둘을 합하면 95.5도가 되고 180에서 그걸 빼면, 84.5도다. 다 구했어. 양 끝 각이 다 나왔다."

"계산은 맞았는데 힘들게 180에서 두 각을 빼지 말고, 90에서 5.5만 빼는 게 좋겠다. 그래도 84.5가 나오니까." B4 249

"그래, 지난번에 공부한 삼각형의 결정조건을 이용하는구나. 교과서 속의 수학이 밖으로 마구 빠져나오고 있어 정말 기쁘다. 그럼 이제 누나가 제기한 의문을 풀 수 있을까?" B2 247

"이 정도면 저도 할 수 있겠어요. 제가 삼각형을 그려 해결해볼 테니 잠깐 기다려주세요. 56미터를 그리려면 너무 기니까 56센티미터로 줄일게요. 이제 5.5도짜리 직각삼각형을 그려 밑변의 길이를 재면 되겠지요. 밑변의 길이가 약 5.4센티미터예요. 그럼 실제 길이는

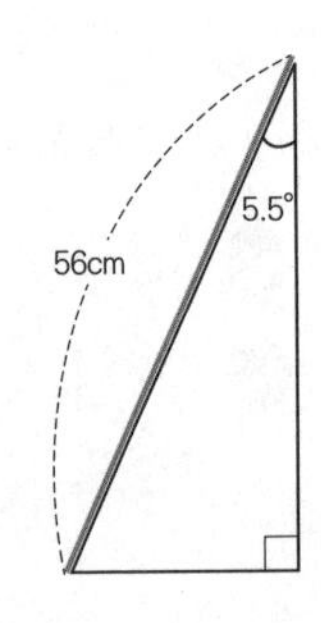

54미터? 아니, 5.4미터인가? 탑의 높이가 56미터니까 짐작으로는 5.4 미터인 것 같은데요."

"축척을 계산해봐야지. 56미터, 즉 5,600센티미터를 56센티미터로 줄인 거니까 1/100로 줄였네. 그럼 5.4센티미터의 100배는 540센티미터니까……."

"그래야 5.4미터인 게 정확해지겠구나."

"그래, 아빠 편지에도 1996년에 5.4미터 기울었다고 했지. 너희들이 정확하게 구했구나. 그런데 만약 너희가 중3이라면 삼각비를 배운다고 했었는데, 기억나니? 콩코르드 광장의 오벨리스크 높이 잴 때 탄젠트에 대해 얘기해줬잖아. 또 어려운 얘기 꺼내서 미안." C6 256

"아니에요. 어차피 아직 몰라도 된다고 하셔서 그렇게 신경 쓰지 않았어요. 그래도 탄젠트가 직각삼각형에서 $\frac{\text{(높이)}}{\text{(밑변)}}$라는 것은 기억하고 있어요."

"저도요. 언젠가 아빠랑 강원도 갈 때 길가에 12%라고 쓰인 표지판을 본 기억이 났어요. 그래서 생각해봤죠. 12%면 0.12니까 경사도가 100 미터 갈 때 12미터 올라간다는 뜻인 거죠?"

"무슨 소리야? 나는 잘 모르겠어."

"우리 레오 생각이 많이 자랐네. 네 생각이 맞아. 기왕 여기까지 생각했으니까 각이랑 연결시켜보자."

"아하, 직각삼각형을 그려보니 이해가 돼요. 그러면 각의 크기가 $\frac{\text{(높이)}}{\text{(밑변)}}$니까, 계산기 좀 줘봐. 탄젠트 0.12. 어, 0.002? 이게 뭐지?"

"계산기 사용법을 조금 익혀보자. 보통은 각을 구해서 탄젠트 값을 구하는데, 지금 계산한 건 각을 알 때 탄젠트 값을 구하는 작업이야. 지금 하는 내용은 그 반대잖아. 탄젠트 몇 도가 0.12가 되는지를 푸는 거지. 이건 고1 때 배우는 역함수인데, 보통 역함수는 지수에 -1을 표시하여 나타낸단다. 함수 f의 역함수를 f^{-1}로 표현하니까 탄젠트의 역함수는 $\tan^{-1}$로 표시하겠지." C4 254

"아하, 그럼 다시 제가 해볼래요.

$$\tan^{-1} 0.12 = 6.8$$

그럼 저 각의 크기가 6.8도. 이거 재밌는걸요."

"자, 이제 안심이다. 아직 배우지도 않은 내용으로 괜히 스트레스를 주는 건 아닌지 고민스러웠는데, 도로표지판을 생각해내다니, 참으로 인간의 상상력은 끝이 없구나. 그렇다면 용기를 내서 내가 하고 싶은 얘기를 마저 해야겠다."

산에 올라가는 길에 만날 수 있는 경사 안내 표지판

"박사님, 이제 저희들은 박사님이 아무리 어려운 말씀을 하셔도 스트레스 받지 않아요. 새로운 것을 알아가는 기쁨 때문에 오히려 기대돼요."

"그래, 다행이구나. 문제로 다시 돌아와서, 아까 레오가 축척으로 삼각형을 그리면서 56센티미터를 그리려고 큰 종이를 사용하는 불편함을 겪었는데, 이번에는 삼각형을 그리지 않고 위치를 찾아내는 방법을 생각해보자."

"삼각형을 그리지 않고 길이를 구할 수 있다고요? 그럼 제가 헛고생한 건가요?"

"헛고생이라니? 삼각형을 그리는 방법이 더 기초적이고 중요한 방법이야. 그래서 그런 방법을 사용할 줄 아는 사람만이 그리지 않고 구하는 방법을 공부할 자격이 있는 거야. 너희는 삼각형을 그려 해결하는 방법을 알기 때문에 내가 지금 말하는 것을 혹시 이해하지 못하거나 까먹어도 이 문제를 해결할 수 있을 거야. 수학 공부는 한 가지 해결방법으로 문제를 풀었다고 해서 완성되는 것이 아니란다. 지식수준에 따라 또는 학년 수준에 따라 가능한 방법을 모두 생각해낼 줄 알면 전천후가 되겠지." A4 245

"박사님, 어서 삼각형을 그리지 않고도 이 문제를 해결할 방법을 가르쳐주세요."

"잠깐만요, 박사님. 아직 가르쳐주지 마세요. 협력해서 해결해볼게요."

"나는 얼마든지 기다릴 수 있단다. 사실은 너희들에게 그런 학습 습관, 학습 자세가 생기기를 바라며 이번 여행을 준비했는데, 드디어 그런 습관이 들기 시작하는 것을 보니 마음이 기쁘다. 너희들이 이 문제를 해결하지 못하더라도 나는 이미 이번 여행의 보람을 다 찾은 거야." A1 242

"한 가지만 알려주세요. 삼각형에서 $\frac{(높이)}{(빗변)}$를 뭐라 하나요?"

"사인(sin)이라고 해. 계산기를 보면 탄젠트 옆에 사인과 코사인이 나오지. 이 세 가지가 중3에서 배우는 삼각비야."

"그럼 코사인은 $\frac{(빗변)}{(밑변)}$ 인가요?"

"어떻게 알았니? 선행학습?"

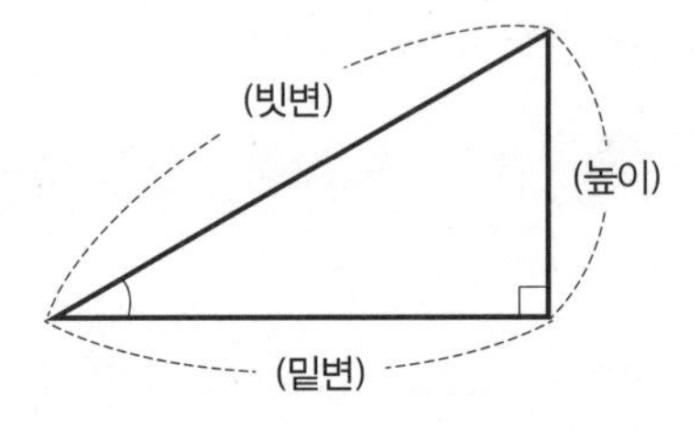

"전혀요! 밑변, 높이, 빗변 중 탄젠트는 $\frac{(높이)}{(밑변)}$고, 사인은 $\frac{(높이)}{(빗변)}$니까 남은 것은 빗변하고 밑변의 관계뿐이라서 한번 추측해본 거예요. 저 천재죠?"

"그래, 대단한걸. 새로운 것을 접하게 되면 보통은 그저 안 배운 것이라며 덤벼들 생각을 하지 않게 마련인데, 일단 도전적인 자세가 맘에 든다. 추측은 아주 좋았어. 하지만 약간 수정이 필요해. 코사인은 $\frac{(빗변)}{(밑변)}$이 아니라 반대로 $\frac{(밑변)}{(빗변)}$이란다. 이렇게 하면 100점이지."

"그래도 50점은 되는 거죠? 중3 되면 50점은 무조건 넘겠네요."

"지금 56미터와 5.5도를 알고 있고, 밑변을 구하는 것이니 코사인을 써야겠네요. 그럼 코사인 5.5도는 $\frac{x}{56}$가 되고, 계산기에서 코사인 5.5도는 0.995니까 x의 값은 56×0.995. 55.72? 어, 왜 이리 크게 나오나요? 코사인을 사용하는 게 아닌가 봐요."

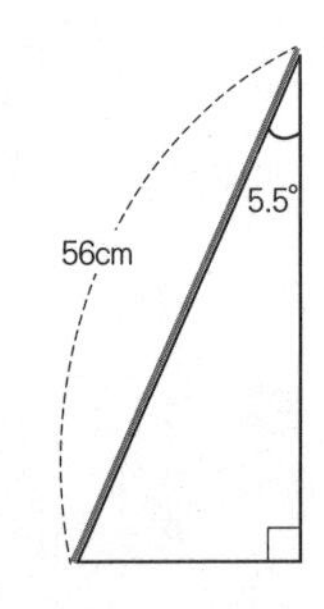

"삼각비를 사용할 때 가장 주의할 점이란다. 직각삼각형에서 빗변은 누구나 쉽게 찾을 수 있지만 나머지 밑변과 높이는 각에 따라 상대적이어서 그래. 밑변이라는 말에 우리는 밑변을 무조건 아래에 있는 변으로 생각하기 쉬운데, 밑변은 그 각을 끼고 있는 변으로 정의되어 있

단다. 그럼 높이는 뭐라 정의해야 하겠니?"

"그 각과 마주보는 변?"

"마주보는 변이 한문으로는 대변(對邊)이야. 어감이 좋지는 않지?"

"그럼, 박사님. 지금 저 아래 있는 변은 5.5도의 대변이니까 밑변이 아니고 높이가 되겠네요. 그러면 코사인이 아니라 사인을 써야 하는군요."

"누나는 한번 실수했으니까 이제 나한테 양보하라고. 계산기 이리 줘 봐. 사인 5.5도는 0.096이네. 아까 계산한 것처럼 56×0.096=5.376. 봐, 약 5.4미터가 나오잖아. 해결! 이제 삼각형을 직접 그려서 축척 계산을 하지 않아도 되네. 대단하다, 삼각비."

"이제 삼각비가 뭔지 정확히 알게 되었구나. 삼각비는 새로운 개념이라기보다 직각삼각형 세 변의 길이 사이의 비율을 다른 말로 표현한 것뿐이야. 중고등학생이 된다고 해서 새로운 수학 개념이 마냥 더 나오는 것은 아니란다. 이전에 초등학교에서 배운 개념이 거의 그대로 사용되지. 그러니 초등학교 개념을 정확히 할 틈도 없이 중고등학교 수학을 선행하면 어떻게 되겠니?" C4 254

"기초가 단단해지지 않겠죠. 아마도 그런 애들은 중고등학교에 가서 수학을 싫어할 것 같아요. 그리고 외운 대로만 풀겠지요. 우리처럼 교과서 밖으로 수학을 끄집어낼 수는 없을 거예요."

"제가 느낀 것은 초등학교에서 배운 수학 개념을 정확히 가지고 있으면 중고등학교에 나오는 수학 개념을 초등학교 수학과 연결시킬 수 있으니까 수학 내용이 늘어난다고 해도 별 부담이 없을 것 같아요. 솔

직히 삼각비에 대해서 막연한 두려움 같은 것이 있었는데, 사실 뭐 별거 아니네요. 만약 제가 중3이 되어 삼각비를 배웠을 때 이렇게 길이 사이의 비로 연결시키지 못하고 막 외우기만 했으면 삼각비가 엄청 부담됐을 것 같은데, 초등학교 과정의 비율 개념으로 이해하니까 그냥 듣기만 했는데 끝난 것 같아요. 중학교에서 삼각비를 배우고 나면 지금 했던 것보다 더 어려운 문제들이 나오나요?" C7 258

"아니란다. 오늘 너희들이 해결한 정도면 교과서에 어떤 문제가 나와도 풀 수 있단다. 오히려 고등학교에서 배우는 역함수까지 경험했으니 중3쯤이야."

갈릴레이의 운명이 시작된 곳, 피사 대성당

이제 사탑에서 나와 대성당(교회당)으로 가겠구나. 대성당은 피사가 경제적으로 번영하던 시기에 건축되었지. 피사는 11세기에 전성기를 맞이했는데 당시 이탈리아의 다른 도시 공화국인 제노바, 베네치아와 맞설 만큼 세력이 막강했지. 1063년에는 팔레르모(시칠리아섬 북부 도시) 부근에서 사라센(이슬람)군과 해전을 벌여 지중해 연안 대부분의 무역 항로를 장악하고 동시에 막대한 전리품을 얻게 되었단다. 피사는 이때 빼앗은 전리품으로 기적의 광장에 대성당을 세운 거야. 대성당 입구에 새겨진 범선을 찾아보렴. 피사가 무역을 통하여 얼마나 번성했는가를 보여주는 상징적인 모습이란다.

피사 대성당은 출입문이 세 개야. 모두 화려한 장식이 있는 청동 문으로, 성경의 내용을 조각으로 표현한 것이지. 안으로 들어가면 파리 노트르담 대성당과 비슷한 점을 발견할 수 있단다. 내부 공간이 노트르담 성당처럼 다섯 개의 공간으로 나누어져 있지. 양쪽 두 개씩이 통로고, 가운데가 앉아서 예배드리는 공간이야. 그런데 공간을 나누는 기둥들을 자세히 보렴. 노트르담 대성당에 비해 가늘 거야. 그리고 천장도 높지 않단다. 통

대성당 천장의 교차볼트 구조

로의 천장도 살펴보렴. 노트르담과는 다를 텐데, 이런 모양을 교차볼트라고 한단다. 그리스나 로마 시대의 천장에 비하면 높지만 아직 천장이 낮은 상태지. 예배 공간의 천장도 낮고 평평한 상태로 되어 있단다. 창문 크기도 노트르담에 비해 작고. 그래서 빛이 들어오는 공간이 상대적으로 적단다. 노트르담 성당이 12세기 중반에 시작된 고딕 양식 건축이고, 피사 대성당은 11세기 중반에 시작된 로마네스크 양식의 건축이기 때문이야.

이 대성당이 유명한 것은 갈릴레이 때문이란다. 갈릴레이는 아버지의 뜻에 따라 피사대학에서 의학을 배웠지. 그러나 자연과학에 대한 정열 때문에 도중에 전공을 수학과 물리학으로 바꾸게 돼.

성당 천장의 램프. 갈릴레이는 이를 통해 진자의 등시성을 발견하게 되었다.

학생이던 18세 때 갈릴레이는 피사 교회당에서 천장에 매달린 구리 램프가 좌우로 흔들리는 것을 보았어. 그런데 램프가 흔들리는 시간에 대해 의문이 생긴 거야. 당시에는 시계가 없었으니 가슴에 손을 대고 맥박과 비교해보았지. 결과가 어땠을까? 램프가 크게 흔들려도, 작게 흔들려도 한 번 왕복하는 시간은 똑같았단다. 이것을 오랜 고민과 연구 끝에 이론으로 만든 것이 '진자의 등

시성'이야. '진자'를 기억하니? 그리니치, 대영박물관, 레오나르도 다빈치 과학박물관에서 본 진자시계의 원리는 바로 갈릴레이가 발견한 것이야.

피사에서 갈릴레이가 걸어온 길을 생각해봤으면 한다. 세상에 우연이 있을까? 누구 앞에서나 사과는 떨어져. 하지만 그걸 누구는 우연으로 받아들이지만 또 다른 누구는 필연으로 받아들이지. **필연은 우연을 가장하고서 다가온단다.** 아빠가.

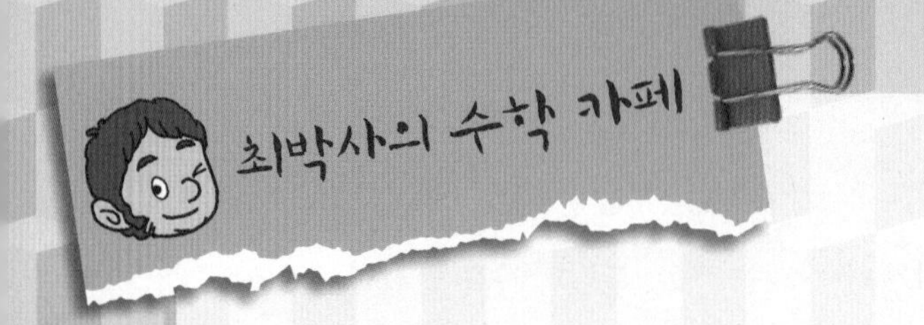

황금비 완전 정복!

황금비란 무엇일까요? 사각형에서 가로와 세로의 비가 8 : 5인 사각형을 황금사각형이라고 하는데, 정작 황금비의 정의에 대해서는 정확히 알지 못하는 경우가 많습니다. 사전적 의미의 황금분할(golden cut)은 평면에서 한 선분을 잘랐을 때, 큰 부분에 대한 작은 부분의 비가 전체 길이에 대한 큰 부분의 비와 같도록 분할하는 일을 말합니다. 즉 $a : b = b : c$가 되도록 나누는 것을 말합니다.

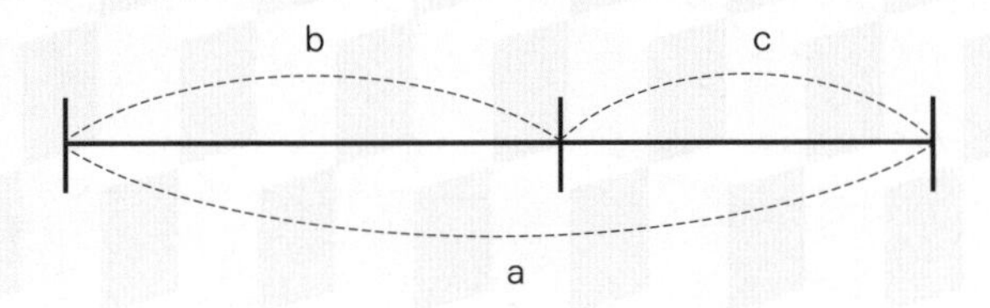

다시 말해 다음 그림에서 선분 AB를 점 C에서 나눠

$\overline{AB} : \overline{AC} = \overline{AC} : \overline{CB}$가 되도록 분할하는 것이 황금분할입

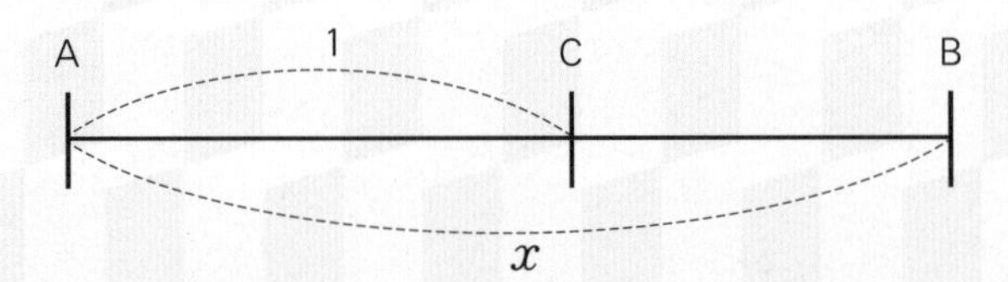

니다.

그러면 비례식 $x : 1 = 1 : x-1$ 이 성립하지요. 비례식의 성질을 사용하면 $x(x-1) = 1$, 즉 $x^2 - x - 1 = 0$ 이 됩니다. 피사에서 나왔던 이차방정식의 근의 공식을 적용하면 $x = \frac{1 \pm \sqrt{5}}{2}$가 되고 둘 중 양수만 생각하면 $\frac{1 + \sqrt{5}}{2}$, $\sqrt{5} = 2.236$ 으로 계산하여 1.618이라는 값이 나오지요. 그래서 5 : 8이 황금비가 되었답니다.

AR
zza
cream
짜잔~!
이 건물 창문에는
미켈란젤로가
장난을 쳐놓았지.
으으! 뭐야.
미켈란젤로의
퀴즈라니 꼭 맞히고
싶어지잖아요~!
교과 내비게이션
초3
직각삼각형
초6
원과 부채꼴
중3
피타고라스
정리
고2
원뿔곡선
이차곡선
고2
사이클로이드

피렌체는 르네상스 시대를 거의 간직하고 있는 아름다운 도시란다. 멋진 건물들에는 각기 다양한 수학의 원리가 살아 숨 쉬고 있지. 산타 크로체 성당 옆 건물의 창문들을 자세히 보렴. 미켈란젤로가 너희들을 위해 작은 함정을 숨겨놓았단다. 이어서 아르키메데스 수학박물관까지, 오늘도 신나는 수학 여행을 시작해보자꾸나.

유럽여행도 벌써 절반이나 지났구나. 이제 시차에는 적응이 되었지? 꽃의 도시 피렌체에는 잘 도착했니? 아빠가 이탈리아 로마만큼이나 좋아하는 도시가 피렌체란다. 아빠의 눈과 가슴을 설레게 한 만큼 너희에게도 실망스럽지 않을 거야.

피렌체는 도시 자체가 르네상스의 역사란다. 르네상스 시대를 거의 그대로 간직하고 있지.

르네상스, 문학과 예술이 날개를 펴다

르네상스는 우리말로 '문예부흥'이야. 문학과 예술의 부흥이지. 그래서 문학을 빼놓고는 르네상스를 말할 수 없단다. 중세 말에 피렌체는 위대한 문장가들을 낳았어. 단테, 보카치오, 페트라르카 등이지. 이들은 신의 눈이 아니라 인간의 눈으로 신과 세상을 바라보았단다. 그렇다고 신을 부정한 것은 아니야. 단지 새로운 시각으로 바라본 것이지. 단테는 당시의 지배계급, 특히 성직자의 언어인 라틴어를 사용하지 않았어. 대신 이탈리아어(토스카나어)로《신곡》과《향연》이라는 작품을 썼단다. 피렌체에 있는 단테의 생가는 지금도 많은 사람들이 방문하는 곳이야.

보카치오는《데카메론》을 썼단다. 당시 유행한 흑사병을 피해 별장으로 피신한 사람들이 열흘 동안 100개의 이야기를 만든다는 내용이야. 단테의 작품이 '신곡(神曲)'이라면 보카치오의 작품은 '인곡(人曲)'이라고들 한단다.

페트라르카는 최초의 인문주의자야. 당시 대학이 신학 위주로 연구하는 것에 반대하며 문법과 수사학, 시, 윤리 철학과 역사를 연구 주제로 삼아야 한다고 주장했지. 이런 주장에 대학은 자기 이익을 지키기 위해 저항했지만 당시 진보적인 귀족이나 군주들은 이 주장을 받아들여 자기의 세력을 키우려 했어. 변화를 두려워하는 교회 세력과 변화를 추진하려는 세속 세력이 대립한 것이지.

르네상스에 영향을 미친 또 하나 아주 중요한 사건은 동로마제국의 멸망이란다. 그때 콘스탄티노플의 수많은 학자들이 이탈리아로 들어오면서 당시의 귀중한 고전들도 함께 가지고 왔지. 학자들이 가져온 고전들은 피렌체의 르네상스에 많은 영향을 주었단다.

1,000년의 왕국
'동로마제국'
로마 황제 테오도시우스 1세의 사망 이후 동과 서로 분열된 중세 로마제국 중 동로마제국(330~1453)을 말해. 비잔틴제국이라고도 하지. 제국의 수도 비잔티움은 '콘스탄티누스의 도시'라는 뜻의 콘스탄티노폴리스로 불렸고, 제국은 이곳을 중심으로 1,000여 년에 걸쳐 존속했대.

이 시대에 이탈리아의 많은 도시들은 예술가들을 경쟁하게 만들었어. 그 속에서 많은 예술가들이 이 시대를 장식했단다. 그리고 위대한 예술 작품을 만든 예술가들은 자기 작품에 이름을 남기기 시작했지. 중세에는 예술가들의 이름이 남겨진 작품이 거의 없는 것과 비교해봐. 그만큼 그들을 바라보는 사회의 시선이 달라진 것이지. 예술가들이 진정으로 존경받는 시대가 된 거야.

르네상스 거장들의 합작품, 피렌체 대성당

피렌체 대성당에는 종탑과 세례당이 한곳에 모여 있단다. 한곳에 모여 있다는 점에서는 피사 기적의 광장과 비슷하지. 피렌체 세례당의 동문과 북문에서 르네상스 시대 최고의 조각가인 로렌초 기베르티의 아름다운 작품을 볼 수 있단다. 그래서 피렌체 대성당에 오는 관광객들은 세례당 동문에 모여들어 사진 찍기 바빠. 그곳에 걸려 있는 작품이 모조품이라 해도 말이야. 진품은 대성당 뒤쪽의 박물관에 따로 보관되어 있단다. 공해와 많은 인파로 실물이 파괴되는 것을 방지하기 위해 특별히 관리하는 것이지.

피렌체 대성당의 다른 이름은 산타마리아 델 피오레야. '꽃의 성모 마리아' 성당이지. 성당은 서로 다른 색의 대리석이 교차되며 참으로 아름다운 모습을 연출한단다. 입을 다물지 못하게 하는 광경에 모두가 압도되지. 규모 또한 대단하기 때문에 카메라로 대성당과 세례당, 종탑을 한곳에 담아낼 수도 없어.

대성당에는 당대 최고의 건축가인 브루넬레스코가 만든 거대한 돔이 있단다. 성당은 13세기 말에 지어지기 시작했는데 1418년에 돔을 제외한 부분이 거의 완성되었어. 이제 돔만 완성하면 되는데 그게 큰 문제였지. 수많은 아이디어들이 나왔지만 아무도 돔을 지을 엄두를 못 내고 있었어. 이 난제를 해결한 사람이 바로 브루넬레스코란다.

대성당은 지상에서 돔 꼭대기까지가 거의 100미터야. 돔의 지름만 45미터나 되지. 게다가 그냥 콘크리트를 부어 만든 것이 아니라 거의 400만 장이나 되는 벽돌로 만들어졌어. 한 장 한 장 쌓아올리는 것이 얼마나 어려웠을까? 노트르담 성당에서 보았듯이 높이 쌓아올리면 엄청난 무게를 견뎌야 하거든. 그것을 가능하게 만든 브루넬레스코의 독창성이 정말 대단하지 않니? 팔각형 공간 위에 대형 돔을 만드는 것은 지금의 기술로도 어려운 구조라고 하니 말이야. 브루넬레스코는 르네상스 회화의 신기원을 연 원근법을 개발한 사람이기도 해.

수학이 보이는 광장

브루넬레스코는 세례당의 청동 문 공모에서 기베르티에게 패하고 로마로 갔단다. 거기서 로마의 옛 건축과 예술에 대해 깊이 연구하고 돌아와 처음으로 만든 건축물이 오스페달레 델리 인노첸티란다. '선한 자를 위한 휴

정사각형, 아치, 반원 등 기초적인 수학적 도형으로 이루어진 안눈치아타 광장의 오스페달레 델리 인노첸티

식처'라는 뜻이야. 안눈치아타 광장의 고아원 건물인데, 이 건물은 수학의 기본 도형으로 이루어져 있어. 반원 아치가 아홉 개 있고, 기둥의 높이와 기둥 사이의 간격이 정확히 정사각형이며, 기둥 안쪽 통로의 폭은 정확히 반원의 지름과 같단다. 위층의 창 모양은 직사각형인데 그 위 삼각형이 파르테논 윗부분의 모양과 같아. 특별한 장식 없이도 수학적 질서를 잘 표현하고 있는 건축물이지.

갈릴레이를 파문하다

이제 산타마리아 노벨라 성당을 살펴볼까? 성당 앞에서 좌측과 우측의 중간을 올려다보렴. 그리니치 천문대와 레오나르도 다빈치 과학박물관에서 본 것이 붙어 있을 거야. 바다를 항해할 때 사용했던 4분의와 천체의 움직임을 나타내는 고리 모양의 천구 장치. 피렌체가 해양 무역으로 강력한 세력을 형성했음을 나타내지.

이 성당은 갈릴레이와 인연이 있단다. 이곳에서 교회 사제들이 갈릴레이를 이단이라고 주장했거든. 여기서 시작된 갈릴레이와 그를 둘러싼 가톨릭 간의 논쟁은 갈릴레이에게 말년까지 고통을 주었지. 지금 너희가 보면 당연한 지동설이 당시에는 큰 파문을 일으켰단다.

중요한 역사적 사실이 또 있어. 이곳에서 1439년에 로마 가톨릭 교회와 동방 정교회의 통합을 위한 피렌체 공의회가 열렸지. 그만큼 이 성당은 가톨릭의 역사에서 아주 중요한 위치를 차지한단다.

수학의 보고 〈성삼위일체〉

노벨라 성당에는 유명한 그림들도 많이 있단다. 마사초가 그린 〈성삼위일체〉가 먼저 눈에 들어올 거야. 브루넬레스코가 개발한 원근법이 최초로 적용된 그림으로 유명하지. 소실점을 찾아보거라. 이 그림이 얼마나 수학적인 구조를 갖고 있는지 알 수 있을 거야. 그림은 실제로는 벽에 그려져 있어. 그런데도 막힌 벽 속으로 깊은 공간이 느껴질 거야. 2차원 평면에 그려져 있는데도 마치 3차원 공간인 것처럼 느끼게 되지. 그리고 〈성삼위일체〉는 십자가를 중심으로 인물의 배치가 완벽한 대칭 구조를 이루고 있단다. 대칭 구조는 보는 사람들에게 안정감을 주지. 파르테논 신전이 좌우 대칭 구조로 안정적인 느낌을 주는 것처럼 말이야.

마사초의 그림 〈성삼위일체〉.
인물들 너머로 공간감이 느껴지는
표현 기법이 사용되었다.

창문에 숨겨진 수학 선물

산타 크로체 성당은 크기는 크지 않지만 그 안에 잠자고 있는 사람들로 유명하단다. 성당 앞에 가보면 왼쪽에 커다란 동상이 있을 거야. 앞에서 말한 단테의 동상이지. 단테가 죽은 뒤 피렌체 시민들은 단테의 시신을 피렌체로 가져오려고 했어. 하지만 단테는 라벤나에 묻히게 되었지. 그래서 산타 크로체 성당에 가짜 무덤을 만들어두었단다. 이곳에는 미켈란젤로, 갈릴레이, 기베르티, 마키아벨리 등 유명한 사람들이 묻혀 있어.

산타 크로체 성당이 무덤으로만 유명한 것은 아니야. 수학적으로 아주 의미 있는 모습을 간직하고 있단다. 기차를 타봐서 알 거야. 직선으로 놓인 철로가 거리가 멀어지면 어떤 모양이 되지? 거리가 멀어져도 같은 간격으로 보일까? 이 원리와 정반대되는 현상을 성당 광장에서 볼 수 있단다. 성당 왼편에 서서 광장 옆 건물들을 보렴. 창문 간격이 같아 보이는 건물이 있을 거야. 미켈란젤로가 장난을 쳤다고들 하지. 눈의 착시 현상을 이용한 거야. 로마에도 같은 원리가 적용된 장소가 있지.

미켈란젤로는 장난을 좋아해

"미켈란젤로가 장난을 쳤다는 것이 뭔가요? 아빠 편지에 성당 왼편에서 광장 옆 건물들을 보라고 했는데, 도대체 어떤 건물인가요?"

"편지에서 건물의 창문 간격이 같아 보인다고 했어요. 그런데 창문 간격이 같은 게 당연하지 않나요? 그게 무슨 착시 현상이라는 거죠? 더욱이 미켈란젤로가 장난을 치다니요?"

"어, 저 건물은 창문 간격이 정말 같아 보이네. 누나, 창문 간격이 같아 보이면 정상이 아니지. 여기서 볼 때 멀리 있는 창문 간격은 좁아 보여야 정상 아니야?"

"처음 집을 지을 때 창문 간격을 같게 건축했을 것이니 당연히 똑같은 간격으로 보여야 하는 것 아니니?"

"하지만 실제로 주변의 다른 것들을 보면 알 수 있잖아. 이 광장만 하더라도 사람들이 이렇게 많지만 여기 가까운 데 있는 사람들하고 저기 멀리 있는 사람들의 크기가 똑같아 보이지 않잖아."

"아하, 그렇구나. 말로 표현하다 보니까 내 잘못이 뭔지 알겠어. 실제 사람들을 보면서도 몰랐는데, 말로 표현하다 보니까 머릿속에서 생각의 오류가 확인되네. 만약 저 건물의 창문이 똑같은 간격으로 되어 있다면 지금 우리가 여기서 볼 때 먼 쪽으로 갈수록 그 간격이 좁아져야 하는 게 정상이구나. 그렇다면 미켈란젤로가 어떻게 만들었기에 간격이 똑같아 보이는 거지?"

"그거야 여기서 먼 쪽으로 갈수록 넓게 만들었을 거야. 그래야 그 간격이 좁아져서 같은 간격으로 보일 테니까."

"그러면 파르테논 신전에서 확인했던 여러 가지 착시 현상처럼 사람들의 눈속임을 위해 일부러 그렇게 만든 것이라고 생각하면 되겠네요." C5 254

"그래, 그렇지. 파르테논 신전을 생각하면 조금 더 이해가 쉽겠네. 그럼 직접 건물 앞으로 가서 확인해보자. 진짜로 간격을 갈수록 넓게 했는지. 로마에서 미켈란젤로의 이런 장난을 또 볼 수 있단다. 천재는 장난을 쳐도 다들 예쁘게 봐주는구나."

미켈란젤로의 수학 선물이 숨겨진 건물. 산타 크로체 성당 왼편에서 바라본 모습과 정면 모습.

피렌체는 예술의 바다, 르네상스의 보석과 같은 곳이야.

르네상스 시기에는 수많은 재능과 노력이 번쩍였단다. 그리하여 새로운 시대가 열린 것이지. 그런데 그들 중 순탄한 인생을 산 사람은 거의 없단다. 그들은 시대의 요구를 따라야만 했고, 때로는 너무 앞서 나갔기 때문에 어려운 상황에 내몰리기도 했단다. 인생이란 게 그런 것이지.

이제 직접 만지고, 느끼는 공간으로 갈 차례구나. 아르키메데스 수학박물관이야. 우리나라도 이런 시설을 나라에서 만들고 운영한다면 얼마나 좋을까 생각하게 된단다. 잠시도 한눈팔 겨를이 없을 거야. **그럼 오늘도 생각의 크기를 키우는 여행이 되길 바란다.** 아빠가.

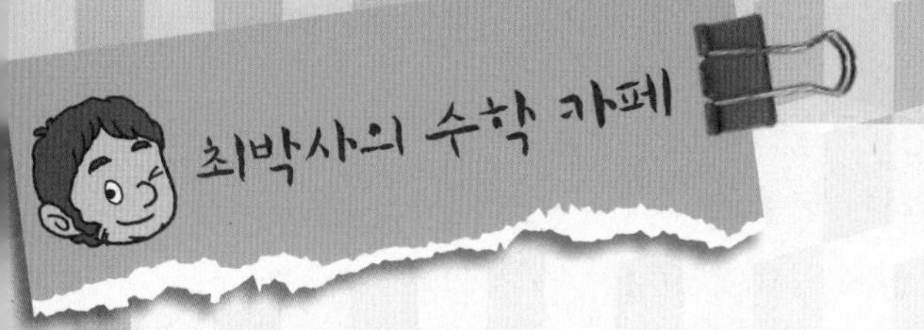

보고 듣고 만지는 수학!
아르키메데스 수학박물관

피렌체 외곽 지역에 아르키메데스 수학박물관이 있습니다. 독일 기센의 마테마티쿰과 비슷한 수학 전용 체험관이지요. 이곳은 크게 두 방과 복도로 나뉘어져 있는데, 한 방에는 원뿔곡선을 중심으로 하는 곡선 운동에 관한 체험물이 있고, 다른 한 방에는 피타고라스 정리를 중심으로 과학적 요소가 포함된 아르키메데스의 업적을 체험할 수 있는 교구가 전시되어 있습니다. 그리고 복도에는 포물면과 타원면으로 된 반사체가 있어 관람객들이 실내에서 확인한 포물선과 타원의 성질을 소리로 직접 확인할 수 있습니다.

학생들이 단체로 가면서 예약을 하면 현지 이태리인 또는 영어로 설명하는 큐레이터와 함께 두 시간 정도 설명을 들으며 체험 활동을 할 수 있습니다.

제1관 – 원뿔곡선

제1관의 중심에는 파란색으로 칠해진 큰 원뿔 목재가 놓여 있습니다. 원뿔곡선을 설명하기 위한 교구지요. 원뿔에서는 네 가지의 곡선이 태어납니다. 가장 쉬운 것이 원이고, 그 외에도 포물선과 타원, 쌍곡선이 나오는데, 이는 원뿔을 자르는 방법에 따라 나타나는 곡선이랍니다. 원은 초등학생 때부터 배우지만 포물선은 중3 때 이차함수의 그래프로, 타원과 쌍곡선은 고2에서 이차곡선으로 배웁니다. 하지만 여기서는 수식을 써서 방정식으로 나타내거나 함수를 이용하여 문제를 푸는 것이 아니고, 우리 일상에서 쉽게 볼 수 있는 원뿔곡선의 사용처를 확인하는 것으로 호기심을 자극하는 것이 목적입니다.

원뿔을 놓고 밑면에 평행하게 자르면 그 단면은 원이 됩니다. 수학적으로는 꼭짓점을 기준으로 위와 아래에 두 개의 원뿔을 붙여

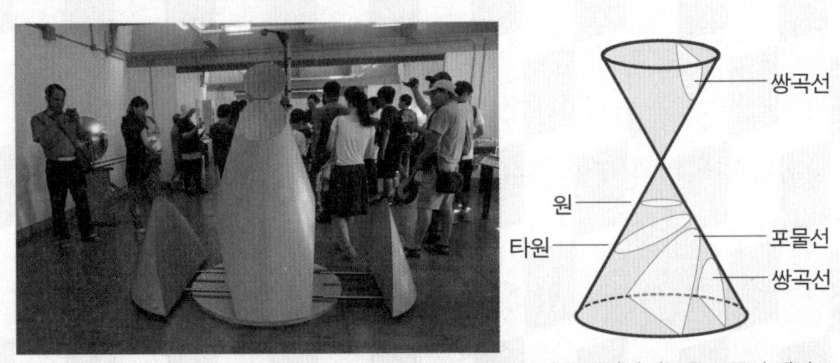

원뿔곡선을 시각화해놓은 교구와 개념도

놓고 생각합니다. 이제 자르는 단면의 기울기를 조금씩 세워봅시다. 그러면 원이 타원으로 바뀝니다. 이 타원이 계속 나오다가 단면의 기울기가 원뿔의 모선(母線) 기울기와 평행이 될 때 비로소 포물

선이 됩니다. 포물선까지는 원뿔의 한쪽만 잘리게 되지요. 즉, 선이 하나만 나온다는 뜻입니다.

그런데 원뿔의 모선보다 자르는 단면의 기울기가 조금이라도 커지면 위에 있는 원뿔의 일부도 잘리게 됩니다. 그러면서 선을 위아래로 각각 하나씩 만드니 두 개(쌍, 雙)가 되지요. 그래서 이 두 곡선의 이름이 쌍곡선(雙曲線)입니다. 직접 그림을 그려가면서 읽으면 이해가 빠를 것입니다.

원의 성질이나 용도는 굳이 여기서 체험할 필요가 없겠지요. 여기에도 원에 관해서는 더 이상 체험물이 없답니다. 바로 포물선(parabola)으로 가보겠습니다.

포물선은 도처에 깔려 있어요. 영어 이름만 읽어봐도 감이 오지요. 파라볼라. 위성안테나 이름입니다. 위성 수신기를 보면 오목하게 접시 모양으로 되어 있어요. 그 오목한 선이 포물선이라는 뜻입니다. 어떻게 전파를 수신하는지 궁금하지요? 수신기 접시 위쪽 가운데 부분에 기계가 달려 있어요. 그곳이 포물선의 초점(소리나 전파가 모이는 점)입니다. 전파 위성 안테나가 포물선 모양인 이유는 '포물선의 축과 평행하게 들어오는 전파가 모두 포물

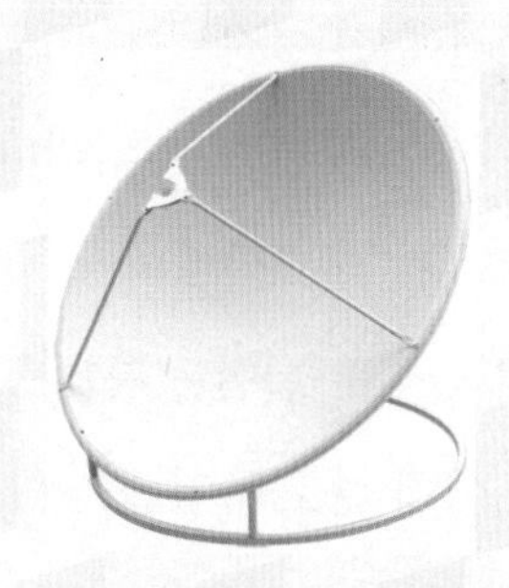

포물선의 성질을 이용하는 위성 수신기

선의 초점에 모이게 되는 성질' 때문이에요. 따라서 인공위성에서 날아온 전파가 약하다 해도 위성 안테나 안에서는 한곳에 효율적으로 모이게 됩니다. 태양열 발전에서도 파라볼라 안테나 모양의 거울로 태양열을 모아 전기를 만든답니다.

한편 포물선의 초점에서 나가는 빛은 포물선에 반사되어 축에 평행하게 나간답니다. 이 성질을 이용한 것이 자동차 헤드라이트나 손전등이지요. 자동차의 헤드라이트를 관찰해보면 그 반사면이 굽어 있는데 그것이 바로 포물선이에요. 그래야 빛이 자동차 앞 멀리까지 평행하게 비쳐질 수 있답니다.

이 박물관에서는 이러한 내용을 시각적으로 보여주기 위해 포물면으로 된 두 거울을 서로 축이 맞도록 만들어두었지요. 한쪽 거울 초점에 있는 전구를 켜면 다른 쪽 거울 초점의 성냥개비에 불이 붙는 실험을 할 수 있답니다. 불이 붙으면 여기저기서 탄성이 터져 나오지요. 아르키메데스는 로마와의 전쟁에서 포물선의 성질을 이용하여 로마 전함을 불태웠다고 합니다. 동시에 이 전쟁에서 로마 병사에게 칼로 죽임을 당했고요.

포물선의 성질을 시각적으로 보여주는 것으로 요술 항아리도 있지요. 항아리 속에 십이면체 주사위가 있는데 이 주사위가 항아리 속에 있는 두 포물선 거울에 반사되어 항아리 밖으로 허상이 보이는 착시를 일으킨답니다. 손으로 잡으면 아무것도 잡히지 않지만 눈에는 주사위가 보이는 것이지요. 이 항아리의 원리를 알아볼까요?

항아리 내부에 위아래로 두 개의 포물면 거울이 있고, 주사위 A는 위쪽 포물선 초점에 있습니다. 거기서 빛이 나오면 B에서 반사되어 축에 평행하게 가다가 아래쪽 거울과 C에서 만나 다시 반사되고, 이는 축에 평행하게 들어온 빛이므로 아래쪽 포물선의 초점인 D로 가게 됩니다. 이 과정에서 A와 D가 방향이 바뀌는 것도 볼 수 있는데 그 원리는 그림을 보면서 생각해보기 바랍니다.

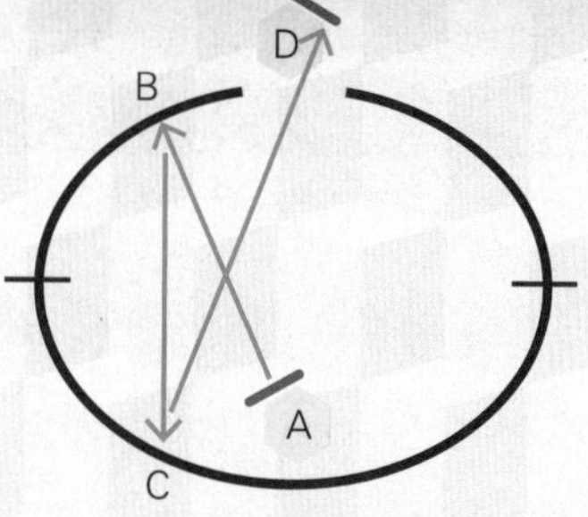

포물선 착시 항아리와 그 원리

포물선의 성질을 청각적으로 보여주는 장치는 복도에 있지요. 관람객들은 제1관에서 설명을 들은 다음 복도로 나와 멀리 50미터 떨어진 지점에 위치한 포물면 수신기에 서로 입과 귀를 교대로 대면서 아주 조용하게 말해도 귀에 생생히 들리는 경험을 하게 됩니다.

이제 타원으로 가볼까요. 타원은 계란 모양으로 알려져 있지만, 계란은 정확히 말해서 타원은 아닙니다. 타원과 비슷하다고 해야겠지요. 실의 양 끝을 팽팽하게 잡아당기면서 연필을 한 바퀴 돌리면

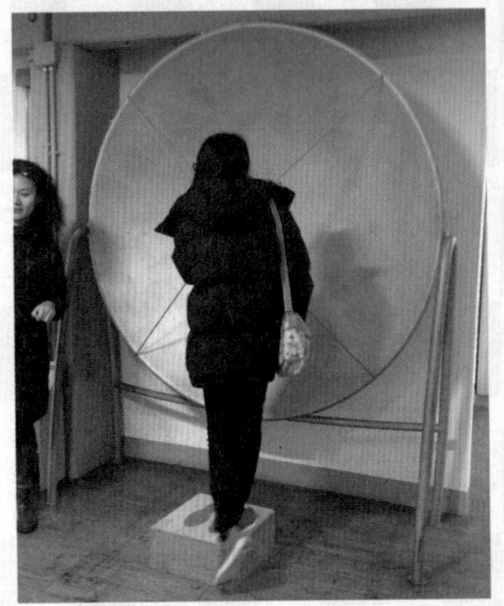

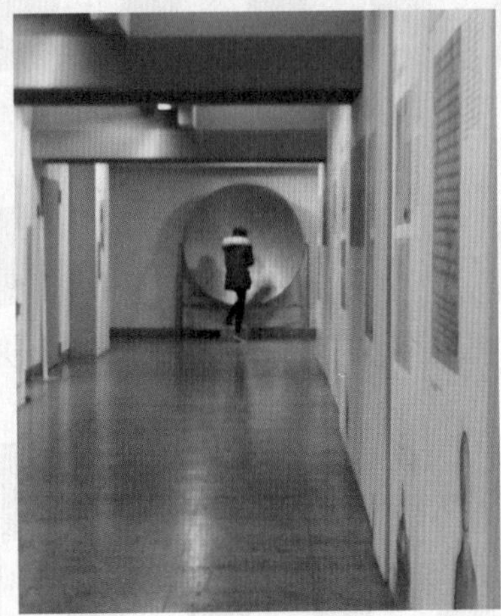

박물관 복도 양 끝에 설치된 포물선 전화기. 아주 작게 말해도 생생하게 전달된다.

타원이 저절로 그려지는데, 양 끝을 타원의 두 초점이라 하고, 연필과 두 초점 사이 길이의 합은 일정하다는 것이 타원의 정의가 됩니다. 즉, 타원은 원과 다릅니다. 원은 중심이 가운데 하나지만 타원은 두 개예요. 타원은 포물선과도 다릅니다. 포물선은 벌어지면서 초점이 하나인 데 비해 타원은 닫혀 있고 초점이 두 개랍니다.

타원은 포물선과 마찬가지로 초점이 핵심입니다. 타원의 한 초점에서 나온 빛이나 소리는 타원면에 반사되어 모두 다른 초점으로 모이게 됩니다. 어려서부터 단 것을 많이 먹어 충치가 생긴 사람은 타원을 많이 보았을 텐데 사실은 그게 타원인 줄 몰랐을 것입니다. 무슨 말이냐고요? 치과에 가면 입 안만 비추는 전등이 있습니다. 이 전등이 타원으로 되어 있지요. 왜냐고요? 전등의 불을 그냥 비추면 우리 입 안만 비추겠습니까? 얼굴 전체를 비추게 되니 환자가 눈이 부셔서 불편하겠지요. 그래서 전등 반사면을 타원으로 만들어 초점에서 나온 빛이 타원에 반사되어 반대쪽 초점으로 모이게 한 거예요. 반대쪽 초점에 우리 입이 놓이면 빛은 입 안으로만 쏙!

타원의 성질을 청각적으로 체험할 수 있는 장치

타원의 성질을 청각적으로 느낄 수 있는 체험물은 복도에 있어요. 복도에 나가면 천장에 커다란 함박 같은 것이 매달려 있고 그 밑에 사람이 올라갈 수 있는 발판이 세 개 있지요. 가운데 있는 것은 타원의 중심이고, 양쪽 두 개의 위치가 타원의 초점이랍니다. 세 사람이 각각 발판에 올라섭니다. 그리고 가운데 사람이 들리지 않도록 양쪽 초점에 있는 사람 둘이서 대화를 주고받습니다. 양쪽 사람이 타원 그릇을 향하여 아주 조그마한 소리로 말하면 더 멀리 있는 반대쪽 초점에 위치한 사람에게만 그 소리가 전달된다는 원리지요.

쌍곡선은 포물선이나 타원처럼 우리 일상에 사용되는 것이 많지 않기 때문에 원리를 볼 수 있는 두세 가지 장치 외에 다른 체험물은 없었습니다.

제1관에서 볼 수 있는 신기한 곡선은 최단강하곡선이자 등시곡선이라는 별명을 가진 사이클로이드입니다. 영어 이름에서 풍기는 대로 자전거 바퀴가 굴러갈 때 바퀴의 어느 한 지점이 그리는 자취를 말합니다.

사이클로이드 곡선. 한 원이 일직선 위를 굴러갈 때, 이 원둘레 위의 한 점이 그리는 자취를 말한다.

실험은 사이클로이드 곡선과 직선 미끄럼틀에서 공을 동시에 떨어뜨려 어느 선을 타는 것이 더 빠른지에 대한 것입니다. 관람객에게 미리 질문하면 반반 갈리지요. 직선으로 내려오는 길은 짧고 간단한데, 사이클로이드 곡선으로 내려오는 길은 멀거든요. 그런데 실험 결과, 항상 사이클로이드가 먼저 도착했습니다. 다른 체험관에는 직선과 사이클로이드 곡선 미끄럼틀에다가 원과 포물선 미끄럼틀까지, 네 가지 미끄럼틀로 시합하게 되어 있는데, 여기서도 사이클로이드가 항상 1등이랍니다. 그래서 사이클로이드의 별명이 최단강하곡선(最短降下曲線), 즉 어떤 두 지점 사이

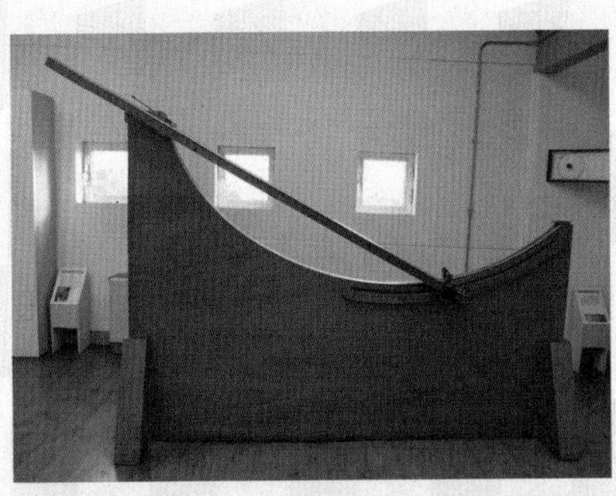

직선과 비교하여 사이클로이드 곡선의 성질을 체험할 수 있는 교구

를 떨어지는 가장 빠른 곡선입니다.

가끔 텔레비전에서 동물이 나오는 프로그램을 보면 공중을 돌던 독수리가 토끼를 발견하고는 최단 시간 내 지면으로 내려가 달리는 토끼를 낚아채는 장면이 나옵니다. 그때 독수리가 달려가는 곡선이 바로 사이클로이드 곡선이라고 합니다.

등시곡선이라는 별명은 사이클로이드 곡선 어느 위치에서 공을 출발시켜도 밑바닥까지 내려가는 데 걸리는 시간이 똑같다는 의미입니다. 구슬을 한 번 굴리면 이 구슬이 사이클로이드 곡선의 양쪽을 올라갔다 내려갔다 하는데, 한 사람은 밑바닥을 지날 때마다 박수를 쳐주고 한 사람은 그 시간을 기록하는 겁니다. 그러면 박수 사이의 간격을 알 수 있는데 놀랍게도 이 간격은 몇 번을 반복해도 똑같습니다. 이것은 진자의 등시성과도 연결될 수 있다고 봅니다. 제1관에는 이외에도 여러 체험물이 있습니다.

제2관 - 피타고라스 정리

제2관에는 아르키메데스가 만들었다는 양수기(揚水機)가 있어서 직접 물을 퍼 올리는 체험을 해볼 수 있습니다. 퍼뜩 떠오르는 것이 있지요. 밀라노에 있는 레오나르도 다빈치 과학박물관에도 양수기가 있었어요. 양수기는 아르키메데스의 발명품입니다. 그 이름에서 알 수 있듯이 낮은 곳에 있는 물을 퍼 올리는 기계지요. 우리나라 농

촌에서 냇가의 물을 논으로 퍼 올리기 위해 양수기를 사용하던 시절이 있었습니다. 지금은 기계로 만들어져 농부들이 직접 퍼 올리는 수고를 하지 않게 됐지만 30년 전만 해도 흔한 일이었어요.

아르키메데스가 발명한 양수기 모형

제2관에서 가장 넓은 공간을 차지하고 있는 것은 피타고라스 정리에 관한 여덟 개의 실험 도구입니다. 본래 피타고라스 정리는 직각삼각형에서 세 변의 길이 사이에 성립하는 관계를 설명하는 것이지요. 그런데 각 변의 길이 사이에 제곱 관계가 성립하고, 제곱은 형상적으로 정사각형의 넓이이기 때문에 통상 많은 체험물들이 직각삼각형의 세 변 위에 각각 정사각형을 만들어 그 넓이를 비교하는 직관적인 방법으로 제시되지요.

즉, 피타고라스 정리는 '직각삼각형의 세 변 위에 정사각형을 그리면, 직각을 낀 두 변 위의 정사각형 넓이를 더한 것이 빗변 위 정사각형 넓이와 같다.'는 것입니다. 이것을 식으로 나타내면 $a^2+b^2=c^2$이 됩니다. 퍼즐로 만들어진 교구는 작은 두 정사각형에 놓인 조각들을 큰 정사각형에 옮겨 꽉 차는지 확인하는 방식으로 이 사실을 확인하도록 유도하고 있습니다(왼쪽 사진).

그런데 이것은 정사각형에만 적용되는 것이 아니랍니다. 사람들은 이 넓이 관계가 꼭 정사각형이어야만 하는 것은 아니고 닮았다는 조건만 만족하면 된다는 것을 발견했습니다. 그 이후로 삼각형, 오각형, 육각형을 비롯한 다양한 도형으로 정사각형을 대치하기 시작했습니다. 이런 것들을 피타고라스 정리의 확장이라고 합니다. 그래서 관람객들은 육각형 또는 별 모양으로 변형된 교구로 직접 체험하게 됩니다(오른쪽 사진).

정사각형(왼쪽)과 정육각형(오른쪽)을 이용하여 피타고라스 정리의 증명을 유도하는 교구

여덟 개의 체험 테이블 중 일곱 개의 테이블에는 기본적으로 직각삼각형이 가운데 있고, 그 세 변에 서로 닮음인 도형들을 배치해서 그 넓이로 피타고라스 정리를 확인하도록 되어 있는데, 한 테이블에는 넓은 정사각형 하나만 파여 있고 다른 것은 아무것도 없답니다. 이건 어떻게 증명해야 할까요?

가운데 빈 사각형이 하나였다가 삼각형을 옮기면 빈 사각형이 두 개가 된다는 것을 통해 '큰 사각형의 넓이와 작은 두 사각형 넓이의 합이 같다.'는 정도는 눈치를 챘겠지요? 그런데 그것이 왜 피타고라스 정리 코너에 있느냐 하는 것에 대한 궁금증은 여전할 거예요.

직각삼각형에 주목해야 합니다. 오른쪽 그림과 같이 직각삼각형의 직각을 낀 두 변의 길이를 a, b, 빗변의 길이를 c라 하면 큰 정사각형 한 변의 길이가 c이므로 그 넓이는 c^2이 됩니다. 그리고 작은 두 정사각형 한 변의 길이는 각각 a, b이므로 그 넓이는 각각 a^2, b^2이 되지요. '큰 사각형의 넓이와 작은 두 사각형 넓이의 합이 같다.'에 그대로 적용하면 $a^2+b^2=c^2$, 즉 피타고라스 정리가 성립하는 것을 알 수 있습니다.

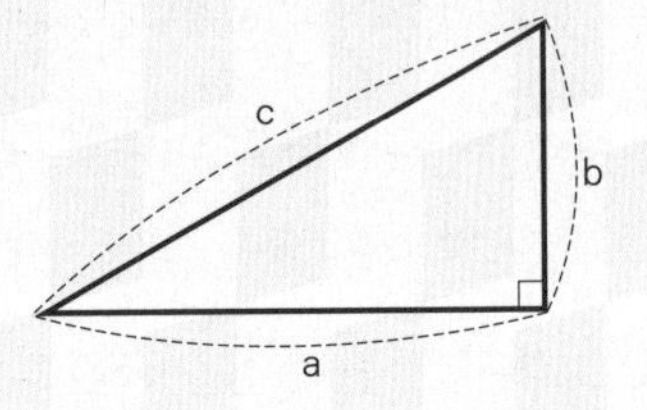

먼저 체험한 친구들의 얼굴은 이 순간에 고난에서 환희로 바뀌더라고요. 한 친구는 돌아오는 버스 안에서 그 감동에 대해 계속 이야기했고, 마지막 소감문에도 "나는 피타고라스의 정리를 이해했노라."라고 썼답니다.

'히포크라테스의 초승달'을 증명할 수 있는 교구도 있어요. 히포크라테스는 피타고라스보다 100년 후에 태어난 수학자로 주어진

피타고라스 정리를 확인할 수 있는 교구

정육면체의 두 배 부피를 가지는 정육면체를 작도하는 문제를 연구한 것으로 알려져 있습니다. 히포크라테스는 그림의 직각삼각형과 두 초승달의 넓이가 같음을 증명했는데, 박물관에서는 천칭 양쪽에 이들 도형을 올려놓아 수평을 이루는 것으로 증명하고 있답니다.

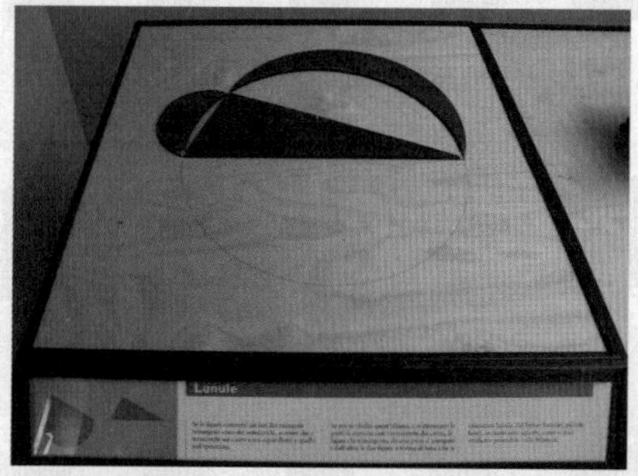

'히포크라테스의 초승달'을 확인할 수 있는 교구

중학교 3학년 5단원 피타고라스 정리

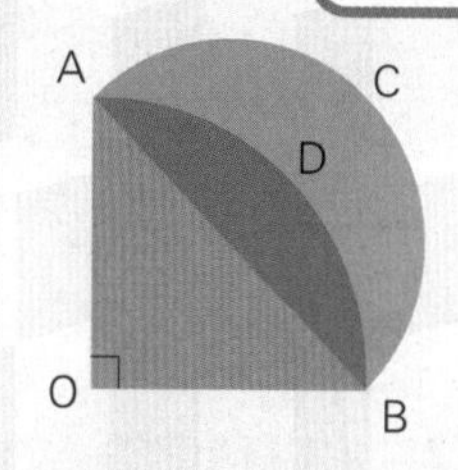

그림과 같이 원을 사등분한 부채꼴 AOB가 있다. 현 $\overline{AB}$를 지름으로 하는 반원을 그렸을때, 초승달 ABC와 직각삼각형 AOB의 넓이는 같다.
(초승달 ABC의 넓이) = (직각삼각형 AOB의 넓이)

$\overline{OA}$의 길이를 r이라하면, 직각삼각형 AOB의 넓이와 초승달 ABC의 넓이는 다음과 같다.

(직각삼각형 AOB의 넓이) = $\frac{1}{2}r^2$
(초승달 ABC의 넓이) = (반원 ABC의 넓이)-(활꼴 ABD의 넓이)
$= \frac{1}{2} \times \pi \times \left(\frac{\sqrt{2}}{2}r\right)^2 - \left(\frac{1}{4}\pi r^2 - \frac{1}{2}r^2\right) = \frac{1}{4}\pi r^2 - \left(\frac{1}{4}\pi r^2 - \frac{1}{2}r^2\right) = \frac{1}{2}r^2$

교과 내비게이션

초5 합동인 삼각형 → 초6 원기둥과 구 → 중1 삼각형의 합동 → 중2 삼각형의 외심과 외접원 → 중2 닮음과 비례 → 중3 삼각비

09 우주를 담은 세계 판테온

판테온은 모든 신에게 바치는 신전, 즉 '범신전'이었어.
원기둥 위를 반구가 덮고 있는 아름다운 구조로 지어졌지.
박사님과 함께 이 독특한 신전의 구조를 탐색해보렴. 재미있을 거야.
더불어 반구의 지름이 얼마인지도 한번 생각해보고.

피렌체에서 로마로 떠나오기가 무척 싫었을 거야. 아빠도 그랬으니까. 로마로 오는 버스 안에서 피렌체의 여운 때문에, 그리고 꼭 보고 싶은데 일정 때문에 보지 못한 것들 때문에 머릿속이 온통 뒤죽박죽이었던 기억이 난다. 너희는 어땠니? 그래도 수학체험관에서 체험한 것이 있으니 그것만으로도 멋지지 않니?

로마에도 콜로세움, 판테온, 포로 로마노, 팔라티노 언덕, 진실의 입 등 볼거리가 많단다. 그중 콜로세움은 크기도 크기지만, 수학적으로 보면 원래는 반원 두 개가 하나로 모여 만들어진 것인데도 경기장 모양은 타원이지. 이 점을 눈여겨봐두면 좋겠다.

신들이 모인 나라, 로마

로마는 영토가 큰 만큼 다양한 민족과 신이 있는 다신교 국가였단다. 로마에는 언덕이 일곱 개 있는데, 그중 캄피돌리오 언덕이 제일 높아. 로마인들은 그곳을 신들이 사는 곳이라 여겨 거기에 많은 신전을 짓고 다양한 신들을 숭배했단다.

로마인들은 신전도 공공 건축물이라고 생각했어. 그래서 황제나 유명한 인물들은 자기 이름으로 공공 건축물 성격의 신전을 짓기도 했어. 지금도 로마에는 그들이 남긴 신전의 자취가 많단다.

이번에 돌아볼 판테온은 로마의 역사와 관련이 있어. 원래 로마의 1인자는 카이사르였어. 그런데 원로원에 의해 암살당하게 되지. 양자인 옥타비아누스를 후계자로 지목한 카이사르의 유언장이 공개되자, 부하로서 카이사르의 신임을 받으며 혁혁한 공을 세웠던 안토니우스는 크게 실망했지. 로마의 지배권을 건 안토니우스와 옥타비아누스의 대결은 피할 수 없는 것이었어. 결국 안토니우스는 악티움 해전에서 옥타비아누스에 패하고 자살로 생을 마감하지. 이때 옥타비아누스를 로마의 1인자로 만든 장군이 바로 아그리파야. 옥타비아누스는 정치력은 뛰어났지만 군사적 재능이 부족한 사람이었어. 이를 미리 알았던 카이사르가 아그리파를 옥타비아누스에게 붙여준 거야. 아그리파는 군사적으로 뛰어났을 뿐 아니라 수도 시설이나 목욕장 같은 로마의 공공 건축에도 많은 공헌을 했단다. '판테온'도 아그리파가 세웠고.

판테온은 모든 신에게 바치는 신전, 즉 '범신전'이라는 뜻이야. 그런데 여러 번의 화재로 점차 손상된 것을 서기 1세기 하드리아누스 황제 때 현재 모습으로 만들었단다. 그리고 608년 동로마제국 황제 포카스가 교황 보니파키우스 4세에게 기증한 이후 '순교자들의 성모 마리아 성당'으로 바뀌었지. 이교도들의 신전이 기독교의 성전으로 바뀐 거야. 그렇지 않았으면 지금까지 보존될 수 없었을 거야. 후대인들, 특히 르네상스 시기에는 오래된 건축물에서 석재나 청동 등을 가져다 새로운 건물을 짓거나 조각(상)을 만드는 데 이용했거든. 콜로세움 곳곳의 상처를 직접 확인해보게 될 거야.

뻥 뚫린 구멍 하나

판테온에 들어가면 세상에서 분리된 느낌이 든단다. 거대한 빈 공간이 주는 특별한 느낌이지. 고요한 바다에 혼자 있는 느낌도 들고. 판테온 앞 광장 분수 소리와 사람이 내는 소음이 갑자기 사라지고 지붕 구멍으로 한 줄기 빛이 들어오는 곳. 유럽 다른 성당에서는 느끼지 못한 절대 경건의 순간일 거야. 인간의 언어를 넘어서지.

판테온의 지붕인 반구에는 구멍이 있단다. 원래 이 구멍은 신전에서 제사를 지낼 때 연기가 빠져나가는 장치였지. 그런데 이것은 행성의 중심인 태양을 상징하기도 한단다. 천장을 잘 살펴보면 천장 격자는 다섯 열의 동심원을 가지고 있어. 그리고 각 열마다 28개의 격자가 있고. 이것은 고대인들의 천체관을 반영한단다. 그들은 우주가 다섯 개의 천구로 겹쳐 있다고 믿었지. 그리고 28개의 격자는 달의 공전주기, 음력의 한 달인 28일을 의미한단다.

그리고 원기둥 벽체를 보면 움푹 들어간 부분이 일곱 군데 있지. 원래 이곳에 카이사르의 씨족인 일곱 행성의 신을 두었단다. 다시 말해 일곱 개의 신상을 세워놓은 것이지. 아우구스투스 황제(옥타비아누스)가 신이 된 카이사르의 후계자라고 선전하는 것이기도 했어. 즉, 신의 아들인 아우구스투스도 신이라는 말이지. 레오나르도 다빈치 과학박물관에서 본 천체시계를 상상해보자. 그건 일주일, 즉 해와 달과 다섯 개의 행성과 관련 있었지.

판테온은 참으로 재미있는 도형들로 만들어져 있단다. 원기둥 모양 벽체에 위에는 반구가 덮여 있어. 원기둥 내부 지름은 외부 지름의 3/4이고, 원기둥 내부 반지름과 원기둥의 높이가 같지. 그럼 여기서 문제! 반구의 지름은 얼마일까? 박사님과 함께 연구해보렴.

원기둥 위 반구의 지름은?

"어때? 판테온 내부에 들어오니 엄숙하고 경건해지니? 특히 천장의 커다란 구멍은 우리를 빨아올릴 것만 같구나. 아빠 편지에 판테온의 구조가 자세히 설명되어 있었어. 판테온은 본래 공 모양인데, 중간부터 아래는 원기둥으로 만들었다는구나. 그렇다면 판테온 지름을 어떻게 잴 수 있을까? 여태껏 측정하는 체험 활동을 많이 했으니 여기서는 이론적으로만 정리해보자."

"판테온 지름은 원기둥의 지름을 말하죠? 그럼 반구에서 수직으로 내려온 지점이 원통이니 바닥 지름을 재면 되겠네요. 저기 바닥 가운데 구멍이 있는데, 저기가 중심이겠지요? 어, 구멍이 두 개네. 그럼 그 중간을 중심으로 생각하고 자로 재면 반지름을 잴 수 있으니 그걸 두 배 하면 지름이 되겠지요."

"저는 다른 방법이에요. 아빠의 이메일을 봐도 그렇고 여기서 직접 봐도 그렇고 판테온의 반지름은 바닥부터 반구가 시작되는 중간까지의 높이와 같다는 것을 알 수 있어요. 그러니 중간까지 높이의 두 배가 지름이에요".

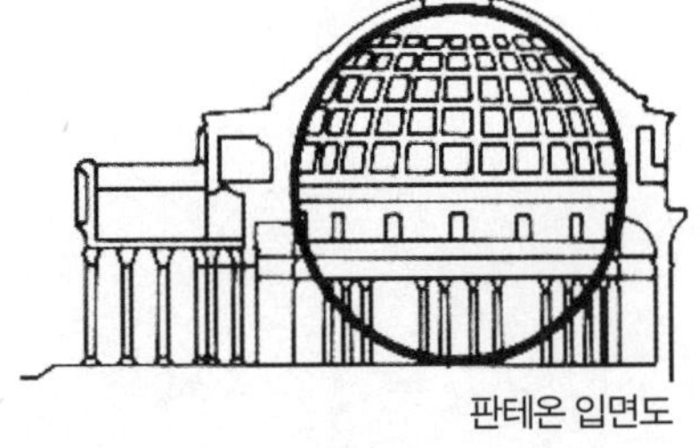
판테온 입면도

"그렇구나. 바닥인 원의 중심을 찾아 반지름의 길이를 잴 수도 있고, 원통 벽의 높이를 잴 수도 있고. 그런데 바닥인 원의 반지름이야 금방 재겠지만, 벽의 높이는 어떻게 잴까?" C6 256

판테온 지붕에 뚫려 있는 구멍

"높이 재는 일이야 이제 식은 죽 먹기죠. 해가 비치지 않아 그림자가 없으니 클리노미터를 이용하면 돼요. 이런 경우는 벽까지 접근이 가능하니까 오벨리스크 높이 재는 방식으로 구할 수 있지요."

"잘했다. 그런데 좀 더 고민할 것이 있단다. 바닥의 구멍 말이야. 거기가 중심이라고 점이 찍혀 있는 것도 아닌데 두 구멍의 중앙을 원의 중심이라고 단정해도 될까?" A4 245

"최근 수학 시간에 배웠는데, 어떤 원이 있으면 그 중심을 정확히 찾는 법이 있더라고요. 외심이라는 것을 배울 때였는데, 원에 내접하는 삼각형을 생각해서 그 중심을 찾는 방법이었어요." B2 247

"외심이 뭐야? 난 처음 듣는데?"

"외심은 어떤 삼각형의 세 꼭짓점을 지나는 원의 중심을 말해."

"그럼 그냥 중심이라고 하지, 왜 외심이라고 하는 거야?"

"처음부터 원이 있었던 것이 아니고 삼각형이 먼저 있었잖아. 삼각형의 세 꼭짓점을 동시에 지나는 원을 그리는 건데, 그 원이 삼각형의 바깥쪽을 돌고 있어서 외접원이라고 하거든. 그리고 그 원의 중심이니까 외심이라고 이름 붙인 거야."

"그런데 여기 판테온은 삼각형이 없잖아. 바닥에 원이 이미 있는데."

"그러니까 원이 있더라도 원만 가지고는 정확한 중심을 찾을 수가 없거든. 그래서 원주 위에 세 꼭짓점을 가지는 삼각형 하나를 그려 외심을 찾는 거야. 외심 찾는 작업은 독자 여러분에게 맡길게요. 레오, 너는 누나가 이따 설명해줄게."

"그럼 나도 독자들에게 스스로 해결할 수 있는 문제 하나를 내야겠다. 천장을 보면 커다란 구멍이 뚫려 있지. 저 구멍의 지름이 9미터라고 기록되어 있구나. 그렇다고 그냥 믿으면 안 되는 것 알지? 내가 내는 문제는 이거야. 천장에 올라가지 않고 이 바닥에서 어떻게 저 구멍의 지름 길이를 잴 수 있을까? 스스로 찾는 자에게 복이 있느니라."

"복은 무슨 복이 있다고 그래요. 골치만 아파요."

"스스로 해결했을 때의 기쁨, 희열, 성취감, 만족감이 복 아니고 뭐니!" B3 248

신이 존재한다면 어떤 모습일까. 판테온에서 특별한 경험을 하길 바란다. **너희들의 영혼과 가슴을 두드리는 신의 존재를 느껴보렴.** 아빠가.

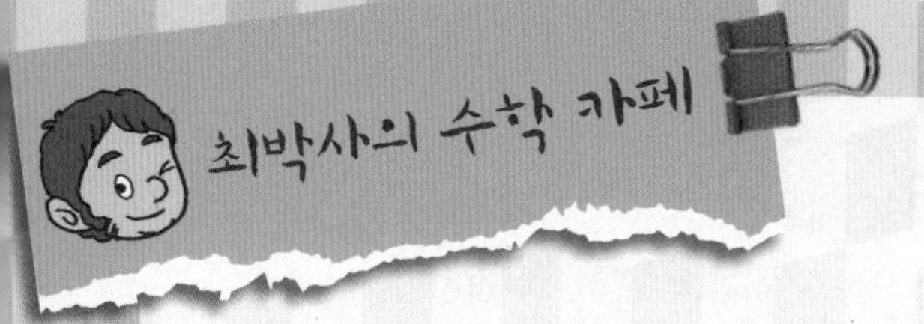

삼각형의 외심을 이용하여 판테온의 중심 찾기

삼각형에는 여러 가지 중심이 있지만 특별히 삼각형의 세 꼭짓점을 지나는 원을 외접원이라 하고, 이 외접원의 중심을 외심(外心)이라고 합니다. 삼각형의 외심은 중학교 2학년 교과서에 나오지요. 삼각형의 세 변을 각각 수직이등분하면 이 세 수선들이 한 점에서 만나게 된다는 신기한 성질입니다. 그 점이 바로 외심이 되고, 외심에서 컴퍼스로 한 꼭짓점까지의 거리를 잡아 돌리면 외접원이 생긴다는 것입니다.

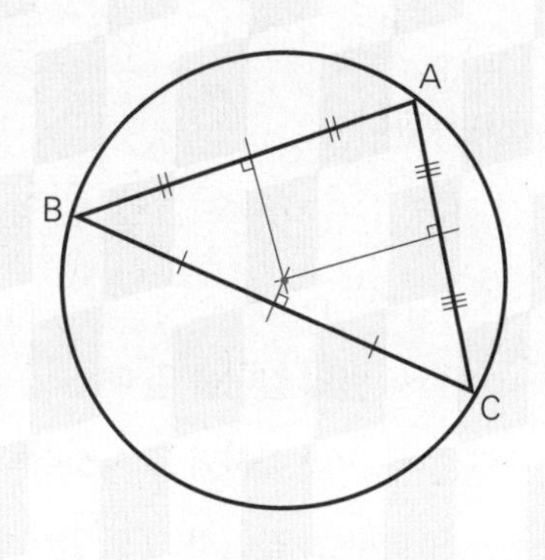

이것을 이용하면 판테온 바닥 원의 중심을 찾을 수 있겠지요? 그러기 위해서는 판테온 바닥에 삼각형의 세 변을 그려야 하지만 조금 더 고민해보면 두 변만 그려 각각의 수직이등분선을 그리면 원의 중심을 찾을 수 있답니다. 두 선이 만나는 지점이나 세 선이 만나는 지점은 같기 때문이지요.

중학교 3학년에서 배우는 내용인 '현의 수직이등분선은 원의 중심을 지난다.'는 원의 성질을 이용하면 위의 두 변이 꼭 삼각형의 두 변일 필요가 없어지고, 원 내부에 아무데나 현 두 개를 그어 그 각각의 수직이등분선을 그어 만나는 지점이 바로 원의 중심이 된다고 할 수도 있습니다.

판테온 천장 구멍의 지름 알아보기

초등학교 5학년에서 배우는 합동인 삼각형을 그리는 법을 이용하면 됩니다.

합동인 삼각형을 그릴 수 있는 것은 다음과 같은 세 가지 상황에서입니다.

① 세 변의 길이를 알 때

② 두 변의 길이와 그 사잇각의 크기를 알 때

③ 한 변의 길이와 그 양 끝 각의 크기를 알 때

천장의 구멍을 생각할 때 삼각형 세 변의 길이를 잴 수는 없고, 세 번째 조건인 한 변의 길이와 그 양 끝 각의 크기를 재는 방법만이 가능합니다.

바닥에 한 변을 만듭니다. 그리고 거기서 천장 구멍 지름의 두 지점 각각에 대한 각을 잽니다. 그리하여 오른쪽 그림이 축척으로 그려지면 천장 지름의 길이인 선분 CD의 길이를 잴 수 있고, 다시 축척으로 환원하면 실제 길이가 나오겠지요. 고등학교 1학년에서 배우는 사인법칙을 적용하면 조금 더 정확한 값을 구할 수 있겠지만 우리 수준에서는 이 정도만으로도 올라가지 못하는 천장 지름 길이를 바닥에서 잴 수 있다는 행복감을 만끽할 수 있답니다.

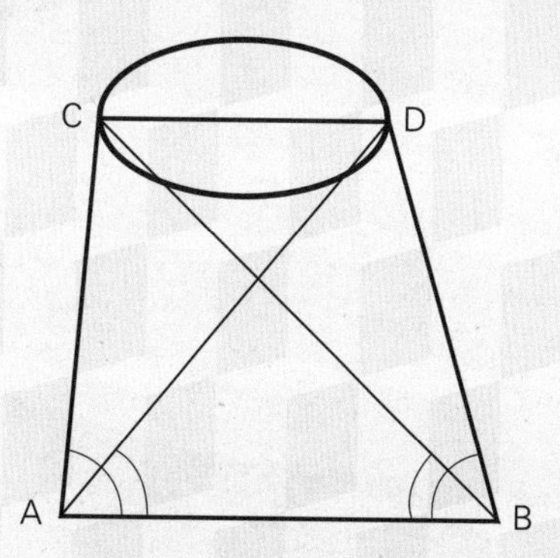

캄피돌리오 광장으로 올라가는 길에는 멋진 수학 선물이 숨겨져 있단다. 미켈란젤로가 설계한 코로도나타 계단이지. 어떤 수학 선물이냐고? 힌트를 줄게. '피렌체에서 본 특이한 창문들!' 아쉽지만 힌트는 여기까지야~.

멀리서도
곧게 보이는
이 계단의 비밀은
뭘까요~?
무슨 소리야.
난 벌써
눈치챘거든?
교과 내비게이션
초4
각과 각도
초4
평행과 수직
초4
여러 가지
사각형
초5
전개도와
겨냥도
중2
닮음의 중심

얘들아, 판테온, 콜로세움, 포로 로마노, 팔라티노 언덕, 진실의 입은 잘 보았니? 로마는 어느 곳 하나 그냥 지나칠 수 없단다. 돌멩이 하나, 대리석 파편, 구리 조각, 흙 한 줌, 그곳에 뿌리내린 풀과 나무마저도 말이다. 그 안에 인간의 자취와 흔적이 담겨 있단다. 오늘은 공간에 대해 새롭게 해석한 사람을 만날 거야. 새로운 시대를 연 거장의 작품을 보게 될 테니 기대해도 좋아.

신들의 거처에 오르는 길

오늘의 체험지는 캄피돌리오 광장이란다. 고대부터 로마인들이 신성한 지역이라고 생각해온 캄피돌리오 언덕으로 들어서는 공간이지. 이 광장을 설계한 사람이 바로 미켈란젤로야. 캄피돌리오 광장은 미켈란젤로 건축물 중에서도 매우 독창적인 공간이지.

콜로세움에서 큰길을 따라 캄피돌리오 언덕으로 가는 길에 눈에 띄는 원기둥이 하나 있단다. 트라야누스 황제가 만든 '트라야누스 원기둥'인데, 지금의 루마니아 지역인 다키아 왕국과의 전쟁에서 승리한 것을 기념하여 세운 기념비야. 파리의 방돔 광장에 있는 원기둥은 이것을 모방하여 만든 것이지. 트라야누스 원기둥 건너편에는 웅장한 건물이 있단다. 로마의 다른 건축물이나 예술 작품에 비하면 새것이라서 조금은 이상할걸. 판테온에 묻힌 비토리오 에마누엘레 2세 기념관이야. 기념관을 지나면 왼편에 돌계단이 있을 거야. 그 계단을 통하여 거장이 보여주는 새로운 세계를 만나게 될 거야.

능력자
'트라야누스 황제'
로마의 5현제 중 한 사람으로 정복 전쟁을 통해 로마의 영역을 최대로 넓힌 황제란다. 로마 건축의 전성기를 이끌었지.

◀ 트라야누스 원기둥. 트리아누스 황제의 승전을 기념하여 만든 기념비로 표면이 원정을 묘사한 부조로 꾸며져 있다.

방돔 광장 원기둥. 나폴레옹이 아우스터리츠 전투의 승리를 기념하여 만든 기념탑이다. 아우스터리츠에서 획득한 133개의 대포를 포함하여 유럽 연합군에서 빼앗은 대포를 녹여 주조했다고 한다. ▶

계단에 숨겨진 미켈란젤로의 선물

르네상스 시기의 그림이나 조각을 많이 봤지? 그 시기의 그림이나 조각에는 소실점이라는 고정된 시점이 있어. 노벨라 성당에서 보았던 〈성삼위일체〉를 생각해봐. 하나의 시점에서 볼 때 원근법이 비로소 정확하게 적용되고 있어. 그런데 사람은 두 눈으로 움직이면서 사물을 바라보기 때문에 실제로는 움직이는 시점에 따라 사물이 달라지지.

또 르네상스 시대의 그림에서는 등장인물 하나하나가 사실적으로 생생하게 묘사되지. 하지만 우리의 인식은 좀 다르단다. 사람은 같은 사물이라도 심리적으로 중요한 것은 더 크게, 덜 중요한 것은 작게 인식하지. 즉 원근법을 이용한 르네상스의 사실적인 그림이나 조각은 실제로 우리가 느끼는 세계와는 거리가 있다는 거야.

우리의 이동하는 시점을 반영한 것이 투시법이란다. 다른 말로는 역원근법이라고도 하지. 원근법과 반대로 보는 것 말이야.

피렌체의 산타 크로체 성당 광장에서 본 건물 생각나니? 창문의 간격이 어땠는지 기억해봐. 이곳이 그 원리가 숨어 있는 계단이란다. 계단 모양이 실제로는 아래보다 위가 더 긴 사다리꼴이야. 왜 그런지에 대해 박사님과 이야기해보렴. 아래보다 위가 긴 사다리꼴 계단을 통하여 캄피돌리오 언덕 위에 세워진 캄피돌리오 광장으로 올라갈 거야. 계단과 같이 이 광장도 미켈란젤로가 설계한 것이지. 미켈란젤로가 우리에게 멋진 수학 선물을 남긴 셈이야.

특별한 사다리꼴, 코르도나타 계단

"여기가 미켈란젤로가 장난을 쳤다는 그 계단이에요?"

"미켈란젤로가 장난을 치다니, 그게 무슨 말이야?"

"벌써 까먹었구나. 피렌체 산타 크로체 성당 앞, 창문, 기억 안 나?"

"아, 창문 간격이 같아 보였던 것? 착시 현상을 일으키라고 미켈란젤로가 장난을 쳤다고 했지. 그때 로마에서도 같은 체험을 할 수 있다고 했는데, 바로 이 계단이구나. 박사님 말씀이 하나씩 연결되니까 재미있어요." C6 256

"너희들이 점점 성장하고 있는 모습이 대견한걸."

"정말 계단 밑에서 보니까 본래는 위가 좁아 보여야 하는데 별로 그런 느낌이 들지 않아요. 평행한 느낌? 위가 더 넓어 보이기도 하고."

"저도 그래요. 신기하게 계단이 나란히 가고 있어서 줄어들지 않는 느낌이랄까?"

"진짜로 미켈란젤로가 위쪽을 더 넓게 만들었는지, 얼마나 넓게 만들었는지는 재어봐야 하겠지."

"자만 있으면 되겠네요. 굳이 각을 잴 필요는 없으니까. 클리노미터는 잠시 넣어놓아도 되겠죠? 누나가 먼저 위로 올라가서 줄자를 팽팽하게 당겨줘."

"박사님, 다 쟀어요. 전체적으로 기다란 사다리꼴인데 윗변의 길이가 더 길다는 것을 확인했어요. 아래보다 3.2미터 더 길어요."

"캄피돌리오 광장 앞에 있는 이 코르도나타 계단처럼 가까운 것을 작게 그리고 먼 것을 크게 그리는 것을 역원근법이라고 해. 그런데 사실 조형물에서는 이런 기법을 사용하는 것이 오히려 맞는 방법이라더구나. 커다란 조형물에 이 원리를 적용하여 먼 것은 크게 가까운 것은 작게 만들면 오히려 제대로 보인다는 것이야. 예를 들어, 10미터 정도의 대형 인물 동상을 원래의 신체 비율대로 제작했다고 하자. 동상의 가까운 곳 근처에서 바라보면 얼굴이 어떻게 보이겠니?"

"얼굴이 주먹만하게 보일 것 같아요. 그럼 보기에 오히려 좋지 않겠어요. 동상은 얼굴을 보려고 만드는 것인데 그렇게 작게 보이면 실망 '짱'?"

"그렇다면 피렌체의 산타 크로체 성당 앞 건물의 창문 간격이나 여기 코르도나타 계단을 만든 미켈란젤로가 장난을 친 것이라기보다는 역원근법의 원리를 사용한 것으로 봐야 하겠지. 보통 계단은 직사각형 모양으로 폭이 일정하지? 그렇게 만들면 위로 올라갈수록 좁아져

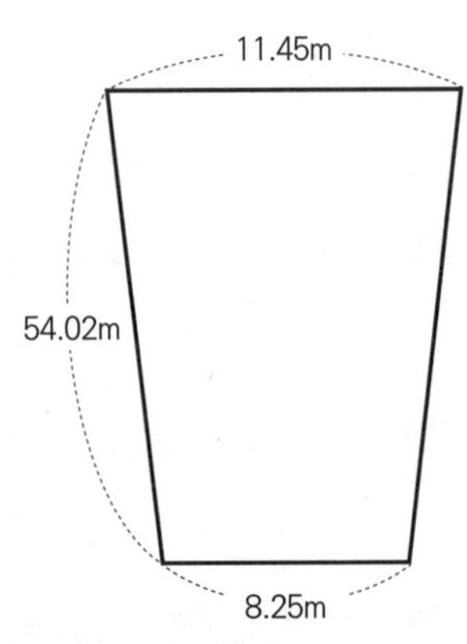

보이는 게 정상적인 원근법이고. 철길이나 보통 길을 바라봐도 이런 현상은 발견할 수 있지. 그림에서 보는 것처럼 미켈란젤로는 길이가 54미터 정도 되는 계단의 폭을 위아래로 달리 만들었어. 아래쪽의 폭은 8.25미터인데 위쪽의 폭은 11.45미터로 넓게 만들어서 계단이 좁아지지 않고 일자로 보이도록 했대."

새로운 공간의 탄생, 캄피돌리오 광장

계단을 올라가면 좌우에 멋진 조각상이 발가벗고 서 있을 거야. 크기도 아주 커서 웅장한 느낌을 주지. 미켈란젤로가 만든 것은 아니야. 로마의 전설과 관계가 있단다. 로마의 왕정이 무너지고 공화정이 시작된 지 10년쯤 되었을 때의 일이란다. 로마가 주변의 라틴 부족과의 전투에서 밀리고 있을 때, 갑자기 백마 탄 쌍둥이 형제가 나타나서 로마를 구해주었대. 로마인들은 이들이 로마 최고의 신 유피테르의 쌍둥이 아들이라고 생각했어. 그리하여 포로 로마노 안에 신전과 조각상을 세웠단다. 나중에 캄피돌리오 광장을 만들 때 미켈란젤로가 조각상을 광장에 옮겨놓았지. 앞에서 말했듯이 르네상스 시대는 재활용의 시대이기도 했거든.

계단을 다 올라가면 광장이 눈에 들어올 거야. 좌우에는 대칭을 이루며 박물관이 자리해 있고, 정면에는 현재 로마시청이 자리하고 있단다. 좌우 건물이 쌍둥이처럼 같은 모양이야. 그런데 쌍둥이 건물이 평행으로 서 있는 건 아니지. 만약 평행으로 서 있다면 이 광장이 답답한 모양의 닫힌 공간이었을 거야. 광장 전체 모양은 뒤집어진 사다리꼴이야. 계단처럼 말이지. 이런 형태로 광장과 건물이 하나가 되고 있어.

광장 중심 타원형 틀 속에 청동상이 하나 있을 거야. 청동상의 인물은 로마의 5현제 중 마지막 황제인 마르쿠스 아우렐리우스란다. 이

> 로마 전성기의 주역
> '로마의 5현제'
> 로마제국 전성기에 잇따라 등장한 5인의 황제를 말해. 네르바, 트라야누스, 하드리아누스, 안토니누스 피우스, 마르쿠스 아우렐리우스지. 정치가 안정되고, 경제도 번영하고, 영토는 최대가 되었던 로마제국의 최전성기를 이끈 사람들이야.

뒤집어진 사다리꼴 모양의 캄피돌리오 광장 전경

광장 중심에 있는 마르쿠스 아우렐리우스 청동상. 마르쿠스 아우렐리우스는 5현제의 마지막 황제로 《명상록》을 남긴 '철학자 황제'로도 유명하다. 그가 죽은 뒤 로마제국은 경제적, 군사적 어려움과 페스트의 유행으로 쇠퇴하게 되었다.

청동상은 원래 산 조반니 성당 앞에 있었어. 옛날 사람들은 이 청동상이 기독교를 공인한 콘스탄티누스 황제라고 생각했단다. 그래서 캄피돌리오 광장으로 옮겨진 것이지. 사실 르네상스가 한창일 때 로마 시대의 많은 유물들은 오히려 피해를 입었단다. 많은 청동상들이 철거되어 용광로에 녹여졌어. 예술품을 만들 때 부족한 자재를 이전 시대의 것으로 재활용해 보충한 탓이지. 만약 이 청동상의 주인공이 기독교를 탄압한 마르쿠스 아우렐리우스 황제라는 것을 알았다면 같은 운명이었을 거야.

이제 너희의 유럽여행도 다 끝나가는구나. 긴장도 풀리고 몸도 많이 피곤할 거야. 하지만 오늘 만난 미켈란젤로를 가슴 깊이 새겨보렴. 미켈란젤로는 한 시대를 닫고 새로운 시대를 연 사람이야. 세상을 다른 시각으로 바라볼 줄 아는 사람이었지. **다른 시선은 다른 해석, 그리고 다른 세계를 연단다.** 아빠가.

Alexandros the Great
Platon
Arist
Socrates
Hypatia
Heracliyus
Pythagoras
교과 내비게이션
초3
정다각형과
직각삼각형
중1
플라톤의
정다면체
중2
유한소수와
무한소수
중3
유리수와
무리수
중3
피타고라스
정리

11 화려하게 위대하게 바티칸

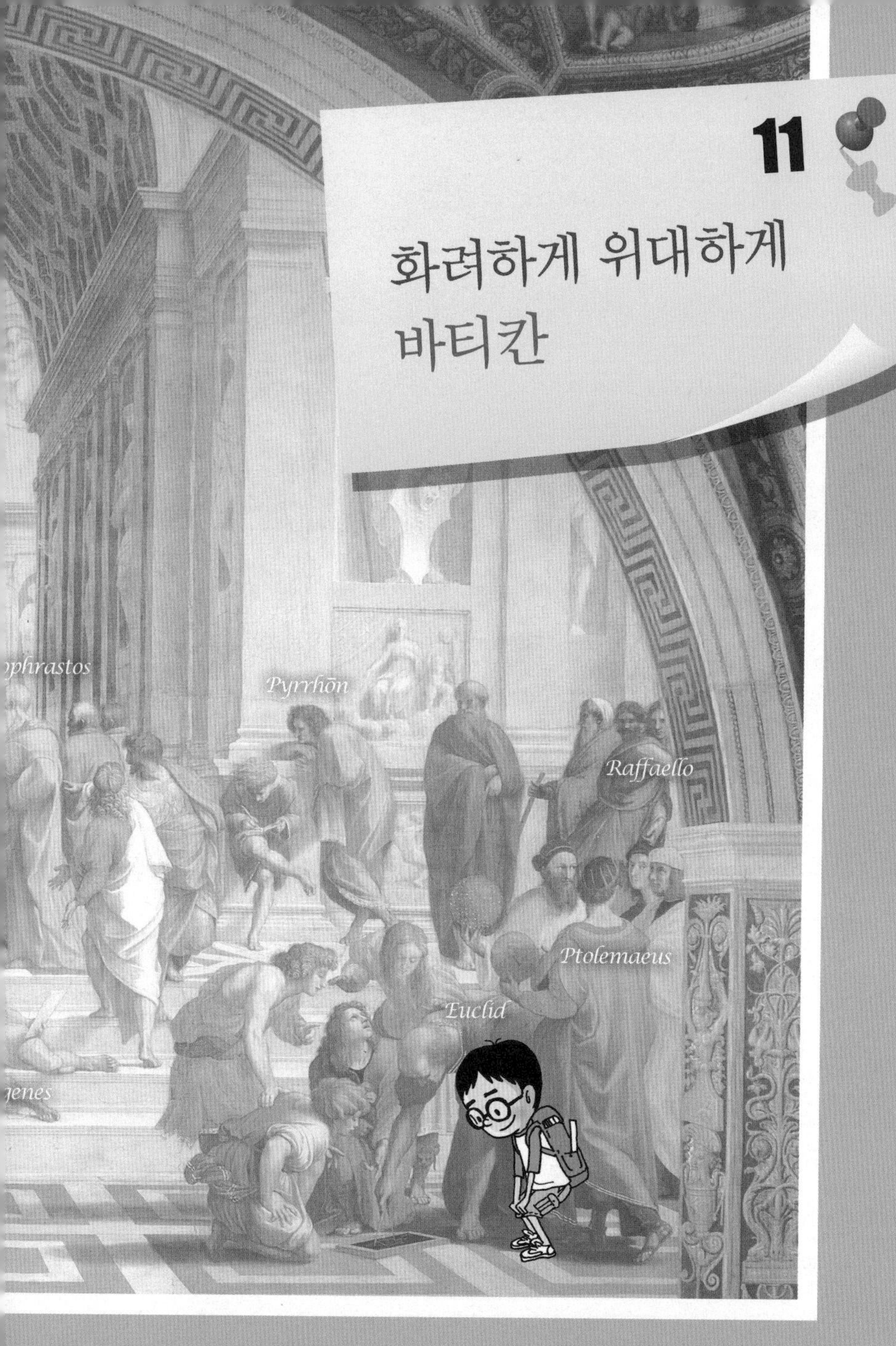

바티칸박물관에는 조각부터 회화까지 수많은 걸작들이 모여 있단다. 너희도 한 번쯤 들어봤을 〈아테네 학당〉도 있지. 박사님과 함께 등장인물에 대해 이야기 나누어보렴. 각자의 철학적 특성을 알 수 있게 묘사되어 있거든.

벌써 유럽여행의 막바지구나. 이제 너희는 세상에서 가장 작은 나라에 갈 거야. 하지만 영향력은 큰 나라란다. 그리고 세계에서 가장 크고 화려한 성당, 베드로 대성당에 들어가 보게 될 거야.

초미니 국가, 바티칸 시국

바티칸 시국은 넓이가 0.44제곱킬로미터인 작은 나라란다. 여의도의 1/6 정도인 초미니 국가야. 베드로 광장과 대성당, 정원과 박물관 및 부속 건물로 이루어져 있고 이탈리아 로마에 자리하고 있어. 그래서 세계 많은 나라들이 로마에 대사관을 두 개씩 가지고 있단다. 우리나라도 주이탈리아 한국대사관과 주바티칸 한국대사관을 두고 있어.

바티칸 시국은 교황을 수반으로 별도의 법률과 제도를 갖고 있단다. 이탈리아와는 화폐와 우표 등도 다르게 사용하고 있지. 그러니까 작다고 우습게 볼 나라는 아니야. 게다가 바티칸 시국은 전 세계 12억이 넘는 가톨릭교도를 다스리고 있어. 한때 교황청은 유럽의 역사를 주도했단다. 하지만 1870년 이탈리아 왕국의 군대에 항복하고 세력이 약해졌지. 이탈리아 왕국이 로마를 수도로 정하면서 위상이 애매해졌단다. 그리고 1929년 파시스트 무솔리니와 라테란 조약을 맺고서 현재 상태가 되었단다.

바티칸, 독립국가가 되다 '라테란 조약'
1929년 이탈리아 왕국과 바티칸 시국 양국이 라테란 궁전에서 체결한 조약이야. 이탈리아 수상 베니토 무솔리니와의 교섭으로 바티칸은 독립적인 나라라는 지위를 확보하게 되었어.

교황의 궁전이 박물관으로

바티칸박물관은 세상에서 가장 아름다운 박물관이야. 어느 한 곳도 그냥 지나칠 수 없지. 입구에 들어갈 때 가이드가 주의사항을 알려줄 텐데, 반바지 차림이나 어깨가 드러나는 민소매 차림은 금지되어 있단다. 성전의 거룩한 분위기를 훼손하지 않기 위해서야.

바티칸박물관은 18세기 후반 역대 로마 교황의 궁전인 바티칸 궁전을 개조해 일반에 공개한 것이란다. 16세기 초, 교황 율리우스 2세는 바티칸을 세계적 권위의 중심으로 만들려고 했지. 그래서 수많은 예술가들을 로마로 불러들여 궁전을 건축하고 장식하게 했어. 그때 바티칸 박물관의 기초가 만들어졌단다. 그 뒤로 전 세계의 걸작들을 수집해 현재의 모습이 되었고. 가장 인기 있는 곳은 벨베데레 정원, 라파엘로의 방, 시스티나 성당이란다. 그런데 박물관의 전시물을 제대로 알기 위해서는 그리스 로마 신화와 성경에 대한 지식이 필요하지. 안에서 만나게 될 수많은 그림과 조각들이 신화와 전설, 성경 그리고 로마의 역사를 배경으로 하기 때문이야.

벨베데레 정원부터 둘러볼까? 벨베데레 정원은 15세기에 브라만테가 교황 인노켄티우스 8세를 위해 지은 별장의 중심부란다. 정원의 모양이 팔각형이어서 팔각형 안뜰이라고도 부르지. 이 정원에는 바티칸박물관에서 소장하고 있는 조각 중 가장 귀중한 것이 전시되어 있단다.

바로 〈라오콘 군상〉이야. 그리스 신화에 나오는 트로이 전쟁을 배경으로 하고 있지. 트로이의 사제인 라오콘은 트로이 전쟁이 끝나갈 무렵 동료들에게 그리스인들이 보내는 목마를 받아들이지 말라고 미리 알려주었단다. 목마에 그리스 군인들이 숨어 있었기 때문이지. 이를 본 신들은 트로이를 멸망하게 하려는 그들의 계획이 실패한 것을 알았어. 그래서 두 마리의 거대한 바다뱀을 보내 라오콘과 그의 아들을 질식시켜 죽였지. 뒤틀린 라오콘의 몸, 고통에서 벗어나려는 팔과 부풀어 오른 핏줄에서 격렬한 고통이 느껴질 거야. 르네상스 시기의 대표적 미술가 미켈란젤로도 이 조각을 '예술의 기적'이라고 했대. 그리고 그의 후기 작품은 여기서 영감을 얻은 것으로 알려져 있지.

그 밖에 〈벨베데레의 아폴론〉은 황금비가 적용된 작품으로 알려져 있단다. 황금비에 대해서는 여러 차례 들어보았지? 대영박물관에서 공부한 파르테논 신전, 루브르박물관에서 본 〈밀로의 비너스〉. 벌써 잊은 건 아니겠지?

신화, 역사, 신앙이 만나는 곳! 라파엘로의 방

교황 율리우스 2세는 1508년 라파엘로에게 자신의 아파트 장식을 맡겼단다. 라파엘로는 신앙이 깊은 사람이었던 만큼 남은 생애를 바쳐 네 개의 방을 장식했지. 그리스도교를 중심으로 고대 신화와 역사 에피소드의 결합이 그 주제였어. 네 개의 방 중에서는 '서명의 방'이 가장 유명하단다.

이 서명의 방에는 〈아테네 학당〉이라는 그림이 있어. 정말 유명한 그림이지. 재미있게도 이 그림에는 당대 유명 인물의 얼굴이 등장해. 레오나르도는 플라톤으로, 미켈란젤로는 우울한 모습으로 혼자 앉아 있는 헤라클레이토스로 등장하지. 라파엘로는 고대의 철학자와 전성기 르네상스 시대 화가들을 같은 지위로 생각했던 거야. 더 자세한 내용을 박사님과 함께 알아보기 바란다.

그리스를 주름잡던 학자들 〈아테네 학당〉

"그림 이름이 특이해요. 왜 〈아테네 학당〉인가요? 여기는 그리스가 아니고 로마인데요."

"등장인물이 그리스 시대 사람들이야. 사실 그때부터 학문이 무지 발달했잖아. 라파엘로가 그걸 염두에 두고 그린 것이란다. 라파엘로는 그림 속에 신학 · 철학 · 수학 · 예술 등 각 학문을 대표하는 학자 54명이 토론하는 모습을 그려넣었고, 여러 인물들을 표현함에 있어 새로운 방식과 자유로운 형식으로 이 작품을 완성하였지. 이 작품 속에 등장하는 인물은 그 수도 많지만 각자의 철학적 특징을 알 수 있도록 묘사되었다는 점에서 흥미를 끈단다. 말 그대로 고대 그리스 시대를 주름잡던 철학자들이 총망라되어 있거든. 하지만 라파엘로가 어떤 설명도 남기지 않았기 때문에 아직 파악되지 않은 인물도 있고 논란이 되는 인물도 있다고 해. 이제 본격적으로 아테네 학당 속 인물을 탐구해볼까? 그림을 자세히 보면 각자의 특징이 나타나 있을 거야. 내가 어떤 사람의 특징을 표현하면 너희가 그 사람을 찾아내볼 수 있겠니?" B3 248

"좋아요. 제가 누나보다는 사람 보는 눈이 있으니 여기서는 앞설 거예요."

라파엘로의 그림 〈아테네 학당〉. 철학자, 수학자, 천문학자 등 당대의 지성인들을 한자리에 모아 표현했다.

"좋다. 그럼 시작해보자. 너희들이 아르키메데스 수학박물관에서 탐구했던 직각삼각형에 관한 정리를 만든 사람은?"

"피타고라스요!"

"좋아. 피타고라스는 여기서도 공부를 가르치고 있는데, 한쪽 무릎을 세워 받치고 설명하는 데 집중하고 있는 사람이란다."

"찾았어요. 맨 앞줄 왼쪽에서 두 번째요."

"그래, 맞아. 사실 피타고라스는 학파를 만들어 제자들을 양성하는 선생님이었어. 피타고라스학파의 철학 정신은 '만물의 근원이 수'라는 것이었는데, 여기서 수는 당시에 발견된 정수와 그 비로 나타낼 수 있는 유리수까지였단다. 여기서 잠깐 계산을 좀 해보자. 한 변의 길이가 1인 정사각형의 대각선 길이는 얼마일까?"

"대각선의 길이를 구하려면 직각삼각형을 떠올리면 되니까 피타고라스의 정리를 이용해야겠군요. 1을 제곱하면 1이고, 또 제곱하면 1이니까 더하면 2. 뭐의 제곱이 2였더라? 지난번에 써보긴 했는데, 제가 아직 배우지 않은 거라서, 잘 모르겠어요." C5 255

"누나, 그거 있잖아. 숫자에 나눗셈할 때 쓰는 표시를 씌운 거."

"그래, 맞아. 기억났다. 루트라고 했지. 그럼 루트2라고 하면 되겠다. 제곱해서 2가 나오는 수."

"기억해냈구나. 그런데 그 루트2라고 하는 수는 아무리 애를 써도 도저히 두 정수의 비로 나타낼 수가 없거든. 이걸 발견한 순간 피타고라스학파 사람들은 무너졌단다. 자기들의 철학이 무너졌기 때문이지."

"철학이 무너지다니요? 아하, 만물이 두 정수의 비로 나타나야 하는데 그렇지 않은 수가 바로 무리수군요. 제가 중2 교과서에서 배운 바로 유리수는 두 정수의 비로 나타낼 수 있고, 그것을 소수로 고치면 유한소수 또는 순환하는 무한소수가 되는데, 소수 중에는 순환하지 않는 무한소수가 있고, 그걸 무리수라고 했어요. 예를 들면 원주율 π라든가, 아니면 0.1010010001000010000001……로 전혀 반복되지 않으면서 끝없이 가는 소수들이요." B2 247

"정확히 알고 있구나. 그래서 이 학파 사람들은 이 사실을 쉬쉬하며 일단 외부로 발설하는 것을 금했단다. 그런데 피타고라스 제자 중 히파소스가 신기한 마음에 이 사실을 발설하고 말지. 소문에 의하면 피타고라스학파 사람들은 히파소스를 지중해에 빠뜨려 죽였다고 해. 그런데 히파소스와 이름이 비슷한 알렉산드리아 출신 여성 수학자 히파티아도 이와 같이 불운하게 생을 마쳤다고 하지. 히파티아는 기독교와 로마 전통 종교 사이의 갈등에서 그리스 수학을 한다는 이유로 이교도로 간주되어 기독교도들에게 잔인하게 살해되었단다. 그림에서 히파티아는 어디 있을까?"

"제가 찾았어요. 그림을 보다 보니 여성이 딱 한 명 있더라고요. 왜 여성이 있을까 했는데, 바로 히파티아였군요. 아까 찾은 피타고라스 바로 뒤에 서 있어요."

"다빈이가 바로 찾았구나."

"그런데 이 그림의 주인공은 가운데 서 있는 두 사람 같아요. 서로 사이가 좋아 보이기도 하고 나빠 보이기도 하는데, 누구인가요?"

"그림을 정확히 봤구나. 그 두 사람이 라파엘로에게는 가장 훌륭한 철학자였단다. 바로 플라톤과 그 제자 아리스토텔레스야. 두 사람의 철학을 확실히 구분하는 건 무리가 있지만 플라톤은 이상론자에 가까웠고, 아리스토텔레스는 현실론자였단다."

"잠깐만요, 제가 찾았어요. 손가락으로 하늘을 가리키고 있는 철학자가 플라톤, 손으로 바닥을 가리키는 철학자가 아리스토텔레스. 틀림없어요. 박사님, 힌트를 정말 적절하게 주시네요. 힌트가 아닌 듯하면서도 결정적인 단서가 돼요."

"내 의도를 알아차렸으니 이제는 조심해야겠는걸. 사실 결정적인 힌트는 주지 않으려고 노력중이거든. 그래야만 문제 해결 후의 기쁨과 성취도가 높아지니까. 내가 거의 다 가르쳐주면 답을 맞히더라도 스스로 해결한 것이 아니니 만족도가 떨어지고, 갈수록 수학 공부 하는 것을 좋아하지 않게 된단다. 그러니 내가 힌트 준다고 하면 가급적 말리는 게 좋을 거야."

"여행을 하다 보니까 교과서나 참고서를 채우고 있는 힌트 말풍선이 좋지 않다는 생각이 들었어요. 예제 풀이는 이제 독이다 생각하고 꼭 가리고 풀 거예요. 그리고 옆에 힌트가 나와 있어도 절대 눈 돌리지 않을 거고, 해답의 풀이를 보고 싶은 유혹도 꼭 참아낼 생각이에요." B3 248

"대단하네. 내 철학을 이제 다 이해했으니 더 이상 잔소리할 게 없겠어."

"그런데 저분이 플라톤이군요. 중1 수학 선생님이 정다면체를 가르쳐주시면서 플라톤 얘기를 하셨어요. 플라톤은 정다면체가 다섯 개밖에 없는 것을 신기해하면서 우주를 정다면체로 설명했다고요. 정다면체를 플라톤다면체라고도 한다나요." B2 247

"이제 중1 교과서 수학이 나오는구나. 다빈이는 정다면체가 다섯 개밖에 없다는 사실이 신기하지 않았니? 플라톤처럼." A4 245

"네. 정다각형은 무지 많은데, 정다면체는 다섯 개밖에 없다는 게 신기했어요. 사실 맨 처음에는 거짓말인 줄 알았어요."

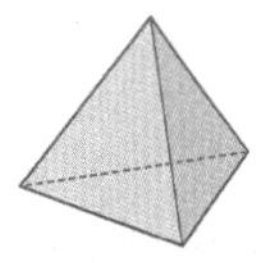

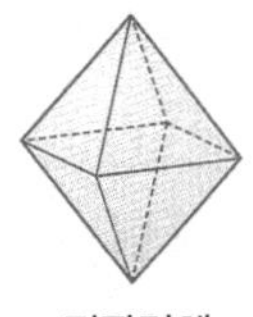
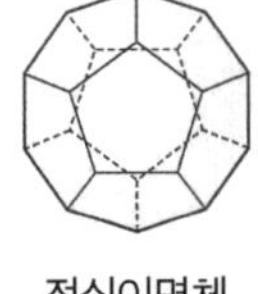
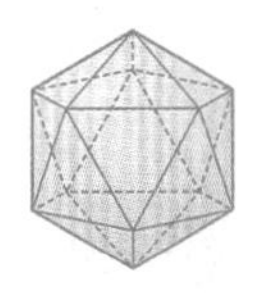

정사면체 정육면체 정팔면체 정십이면체 정이십면체

"누나, 정다면체가 정육면체 같은 거야? 나는 잘 모르겠단 말이야. 그럼 정칠면체, 정팔면체, 정구면체는 없는 거야?"

"정육면체도 정다면체 중 하나야. 그리고 정칠면체와 정구면체는 없지만 정팔면체는 있어. 나도 처음에는 말이 안 된다고 생각했는데, 그게 그럴 수밖에 없더라고."

"어떤 조건을 갖추면 정다면체가 되는 건데?"

"딱 두 가지 조건만 갖추면 돼. 첫 번째 조건은 모든 면이 합동인 정다각형으로 이루어져 있어야 하고, 두 번째 조건은 각 꼭짓점에 모인 정다각형의 개수가 같아야 하지. 그래야만 어디서 봐도 똑같은 모양이 되겠지."

"그 정도 조건이라면 무지 많을 것 같은데 다섯 개라니 말도 안 되는 주장이야. 내가 이해할 수 있게 설명해봐."

"첫 번째 조건이 정다각형이니까, 정다각형 중 가장 작은 정삼각형부터 시작해보자. 이제 두 번째 조건을 생각해봐. 정삼각형이 최소 세 개는 모여야 꼭짓점이 생기겠지. 그런데 정삼각형 한 각의 크기는 60도니까 정삼각형 다섯 개까지 한 꼭짓점에 모일 수 있는 거야."

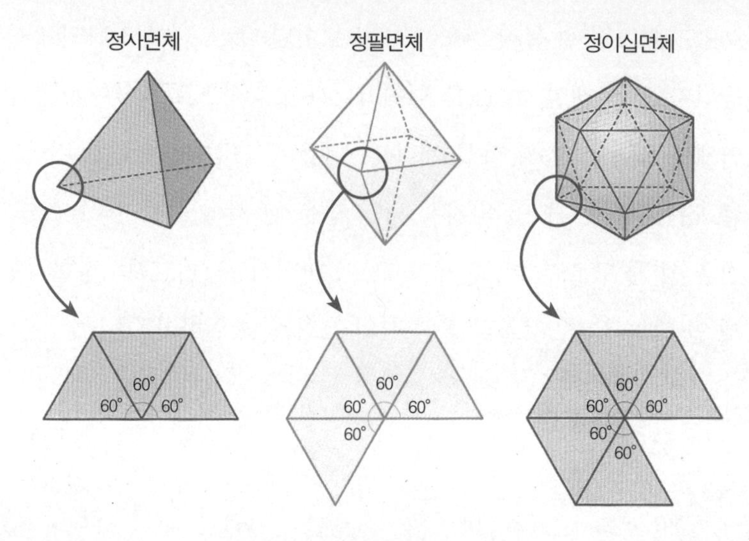

"왜 여섯 개는 안 해? 아하, 여섯 개가 모이면 360도가 되어 이미 가득 차는구나. 그러면 꼭짓점이 생기지 못하는 거고. 맞아?" A1 242

"응, 맞아. 그래서 정삼각형으로는 세 가지 정다면체를 만들 수 있는 거야."

"이해했어. 이제 내가 해볼게. 정사각형으로 생각해보면, 정사각형은 한 각의 크기가 90도니까 한 꼭짓점에 세 개는 모일 수 있지만 네 개는 안 돼. 그럼 정사각형으로는 한 가지 정다면체가 만들어지겠네. 그럼 이번에는 정오각형. 그런데 정오각형은 한 각의 크기가 몇 도지?"

"기억해봐. 콩코르드 광장이 팔각형이어서 거기서 팔각형 한 각의 크기를 구했잖아. 공식 외워서 하는 방법 말고." C6 256 C3 252

"맞아, 그랬지. 여행이 재미있으니까 자꾸 까먹네. 오각형은 삼각형 세 개니까 전체 각은 180×3=540. 540도가 되고, 다시 5로 나누면, 108도네. 그럼 한 꼭짓점에 세 개가 모이면 324도니까 정다면체가 만들어지고, 네 개면 360도를 넘어가니까 오각형으로 만들어지는 정다면체도 하나뿐. 벌써 다섯 개가 다 나왔어. 그럼 이제 없는 거야? 잠깐, 정육각형은 왜 안 되지? 정육각형은 한 각의 크기가 120도고 이것을 세 개 모으면, 아, 벌써 360도가 돼버리는구나. 그럼 정칠각형은 왜 안 되는 거지? 정칠각형 한 각의 크기는 또 얼마야?"

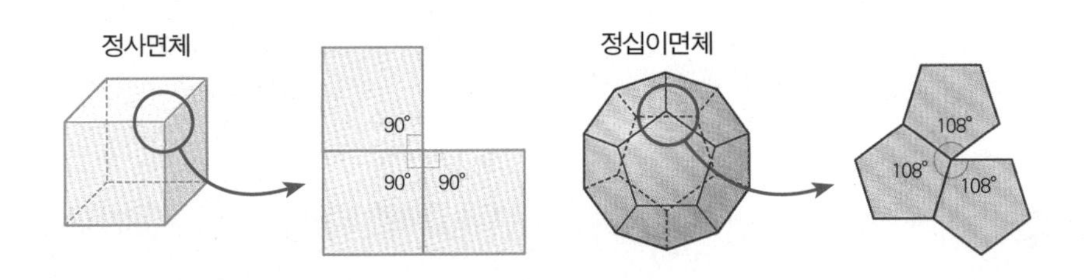

"어디 계속 구해보시지. 정육각형이 안 된다는 것을 알았으면 그 사실을 이용할 생각을 해봐. 정칠각형부터는 한 각이 정육각형보다 크다는 사실만으로도 더 이상 생각할 필요가 없는 거잖아."

"그렇구나. 그래서 딱 다섯 개. 그런데 아까 정팔면체도 있다고 했잖

아. 그건 뭐야?"

"정삼각형이 한 꼭짓점에 세 개 모인 것이 정사면체, 네 개 모인 것이 정팔면체, 다섯 개 모인 것이 정이십면체야. 그리고 정사각형이 세 개 모이면 주사위 모양이 되니까 정육면체고. 정오각형이 세 개 모이면 정십이면체가 된단다."

"잠깐 사이에 정다면체가 다섯 개뿐인 이유를 잘 공부했네. 자, 다시 그림으로 돌아와서 몇 사람 더 찾아보자. 사실 철학적으로는 플라톤과 아리스토텔레스가 가장 중심이지만, 수학적으로만 보면 더 중요한 사람이 있어. 바로 유클리드야. 유클리드는 플라톤의 철학에 맞게 기하학의 체계를 엄밀히 구성하였으며 그 당시까지 나온 모든 수학 이론을 모아《기하학 원론(幾何學原論)》이라는 책을 펴냈단다. 총 열세 권이었지. 이 책은 성경 다음으로 전 세계 지식인들에게 많이 읽힌 책으로도 유명하단다. 우리가 중학교 1학년 2학기에 배우는 도형 관련 내용 대부분이 이 책에 정리된 내용이지."

"박사님, 저 찾았어요. 유클리드. 도형이라고 하니까 컴퍼스를 든 사람이 보였어요. 맨 앞줄 오른쪽 끝에서 두 번째 사람이에요. 맞죠?"

"나머지 인물은 각자가 찾아보도록 하자."

르네상스의 절정을 만나다

교황궁 안에 있는 시스티나 성당은 새 교황이 선출되는 장소로 유명하단다. 교황 선출 회의를 '콘클라베'라고 하는데, 교황이 선출되면 시스티나 성당 굴뚝에서 흰색 연기가 나오지.

시스티나 성당은 1477년에 교황 식스투스 4세가 지었어. 원래 그 자리에 있던 팔라티나 성당을 개축한 것인데, 1470년 로마군이 파괴했던 예루살렘 성전의 크기를 그대로 본 따 지었대. 1481년에 식스투스 4세는 이 성당의 좌우 벽을 장식하게 했는데, 내용은 두 가지였어. 하나는 모세의 일대기, 또 하나는 그리스도의 일대기였지. 이 두 일대기를 핀투리키오, 보티첼리, 시뇨렐리, 기를란다요 등 당대 최고의 화가들이 그린 거야.

시스티나 성당의 벽면을 장식하고 있는 미켈란젤로의 그림 〈최후의 심판〉

1508년에는 교황 율리우스 2세가 미켈란젤로에게 이 성당 천장에 그림을 그리도록 했단다. 이때 그린 그림이 〈천지창조〉야. 1535년에는 교황 바오로 3세가 미켈란젤로에게 교황 제대 위의 벽을 장식하게 했단다. 미켈란젤로는 '최후의 심판'을 그리라는 지시를 받았어. 이에 미켈란젤로는 천국에 막 올라가는 사람들과 지옥으로 떨어지는 악인들을 시계 방향으로 배치하고 가운데에는 나팔을 불며 죽은 이들을 불러내는 천사를 그려 넣었지. 그리스도 위에는 그리스도가 매달렸던 십자가와 기둥을 들고 있는 성인들이 있고, 그리스도는 세상 종말의 날에 산 자와 죽은 자의 심판자로 등장하여 팔을 들어올리며 심판할 것인지 구원할 것인지를 정하고 있어. 그의 팔 밑에는 인류의 구원을 애원하는 동정녀 마리아가, 제대와 십자가상 너머로는 지옥의 입구가 보일 거야. 무덤들이 열리자 죄인들이 지옥 속으로 떨어지고 있단다.

한 가지 덧붙이자면, 여기서 예수는 근육질의 단단한 몸을 지니고 있어. 그 배경이 된 것이 〈벨베데레의 토르소〉란다. 토르소는 목, 팔, 다리 등이 없고 몸체만 있는 작품을 말해. 박물관의 토르소는 그리스의 아폴로니우스가 조각한 것으로, 카라칼라욕탕에서 발견되었지. 미켈란젤로가 이 작품을 상당히 마음에 들어 했기 때문에 〈최후의 심판〉에 나오는 예수의 모습을 근육질로 그렸다고 해.

미켈란젤로에게 막대한 영향을 끼친 작품,
〈벨베데레의 토르소〉

'콘클라베'와 선거 속의 수학

"교황 선출 방식에 대해 들어본 적 있니?"

"전혀요. 학급 회장 선거처럼 몇 명을 입후보하고 무기명 비밀투표로 선출하지 않나요?"

"무기명은 맞을 것 같은데, 교황이니까 표가 가장 많은 사람을 뽑기보다는 더 신중하게 결정하지 않을까. 예를 들어 과반수를 넘지 못하면 다시 2차 투표를 한다든가, 아니면 만장일치로 결정한다거나."

"교황 선거도 물론 비밀투표 방식으로 진행된단다. 하지만 선거인 추기경들은 후보자가 없는 상태에서 투표용지에 한 사람을 쓰게 되지. 총 투표수 2/3 이상을 득표하면 교황으로 선출되는데, 선거 첫째 날 오후 투표에서 교황 선출에 실패하면 그 다음날 오전에 두 차례, 오후에 두 차례에 걸쳐 재투표를 실시할 수 있지. 이런 절차에 따라 3일 동안의 투표에서도 교황이 선출되지 않으면 기도와 토의 시간을 가진 뒤 일곱 차례 추가 투표를 실시해. 이런 식의 투표를 총 30회 실시해도 결론이 나지 않으면 과반수 득표자를 교황으로 선출하게 되지. 교황이 선출되면 투표용지를 마른 밀짚과 함께 태워 난로 굴뚝에 흰 연기가 나게 함으로써 외부에 교황 선출 사실을 알린단다. 교황 선출에 실패하면 젖은 밀짚을 태워 검은 연기가 나게 하지."

"그럼 바로 이 시스티나 성당에서 투표를 한다는 거네요? 그리고 여기 이 난로에 불을 피운다는 거지요? 신기하다."

"프란치스코 교황이 선출된 날, 어떤 굴뚝에서 연기가 나는 장면을 뉴스에서 봤어요."

"프란치스코 교황 선출 때는 둘째 날 저녁에야 흰 연기가 피어올랐으니 다섯 번째 투표에서 득표 수가 2/3를 넘었다는 것을 알 수 있지. 너희들이 알고 있는 선출 방식은 주로 입후보자를 대상으로 하는 무기명 방식일 테니 그에 비하면 교황 선출 방식은 특이하다고 할 수 있어. 우리나라도 한때 교육감 투표를 교황 선출 방식으로 한 적이 있단다. 그 외에도 여러 가지 특이한 선출 방식이 존재한단다."

"또 다른 방식이 있어요?"

"4년마다 열리는 올림픽 개최지를 선정하는 방식도 특이하지. 100명

새 교황의 탄생을 기다리며 성 베드로 광장에 모여든 관중들. 지난 2013년 3월 13일 저녁, 시스티나 성당의 굴뚝에서 흰 연기가 피어올라 제266대 교황이 선출되었음을 알렸다.

이 넘는 IOC 위원들이 선거를 하는데, 과반수를 얻은 지역이 나오지 않으면 가장 적게 득표한 지역부터 차례로 떨어져나가는 방식이야. 이런 방식을 수학의 투표 방식에서는 '삭제 방식'이라고 한단다."

"수학이라고요?"

"응. 수학자 애로는 20세기 중반에 선거 이론을 연구하여 노벨상을 수상하기도 했지. 그는 다수결이 갖고 있는 모순을 비롯하여 그것을 해결하기 위한 대안을 제시하면서 많은 선거 방식이 문제점을 가지고 있다는 사실을 증명해냈단다. 다양한 선거 방식의 예를 더 들어볼까? 여행지를 선정할 때 후보지를 하나만 고르는 것이 아니라 모든 후보지에 선호도를 매기는 선호도 투표가 있고, 두 사람끼리의 대결에서 우세한 사람에게 점수를 주는 우세 투표 방식도 있어."

"와! 선거마저도 수학이라니, 놀랍네요. 그러고 보면 수학은 도대체 안 들어가는 데가 없어요."

"선거라는 것은 공정해야 하고 논리적으로 모순이 없어야 하니까. 더구나 현대의 정치는 모든 힘이 선거로부터 나오는데, 거기에 모순이 생기면 정당성이 사라지겠지. 그래서 선거는 아주 논리적이어야 하고, 모든 사람이 승복할 수 있는 룰을 바탕으로 삼아야 한단다. 그런 면에서 수학을 이용하지 않고서는 공정한 선거를 치를 수가 없겠지."

얘들아, 시스티나 성당에서는 사진을 찍을 수가 없단다. 바티칸박물관에서는 플래시 없이 사진 찍는 것이 허락되지만, 이곳만은 예외야. 소음과 진동이 성당 안의 그림들을 보존하는 데 문제가 되기 때문이야. 하지만 그러한 조건이 명작을 감상하는 데는 오히려 도움이 되지. 조용히 한쪽 의자에 앉아 천장을 올려다보렴. 그저 조용하게, 꼼꼼히, 하나하나, 조금도 놓치지 말고 봐봐. 천장 그림 속 인물들이 살아서 꿈틀대기 시작하면 감탄이 절로 터져 나오고 머리카락이 쭈뼛할 거야. 온몸과 마음이 감동을 받아 전율을 느끼는 경험을 하게 될 수도 있어.

'주목'이라는 식물은 '살아서 천년, 죽어서 천년'이라고 해. 그럼 예술가는 어떨까? 100년도 살지 못하는 인생에서 몇 년이나 예술 활동을 할까? 그리고 그들의 작품은 얼마나 오랫동안 영향을 미칠까? **바티칸 속 예술 작품들을 보면서 너희의 앞날을 한 번쯤 그려보았으면 좋겠구나.** 아빠가.

이곳은 원래
목욕장이었단다.
지금은 빛이 지나가는
길을 볼 수 있는
특별한 성당이
되었지.
목욕장
이었다구요?
어마어마
했겠네요.
식혜
교과 내비게이션
초2
시각과 시간
초4
각과 각도
초5
약수와 배수
중3
삼각비
고2
원뿔곡선
이차곡선

12

빛이 지나가는 길 델리 안젤리 성당

산타마리아 델리 안젤리 성당은 정말 특별한 곳이란다.
수학에 관심이 있는 사람이나 수학을 연구하는 사람들의 필수 코스지.
우리가 지금 쓰고 있는 달력과도 깊은 관련이 있는 곳이야.
성당 안에서 자오선을 찾아보며 수학 여행의 대미를 멋지게 장식해보렴!

드디어 마지막 여행지에 도착했구나. 이번 체험여행 중에는 정확한 시간에 대한 인간의 노력을 엿볼 기회가 많았어. 그리니치 천문대, 대영박물관, 밀라노 대성당의 자오선, 레오나르도 다빈치 과학박물관 등에서 말이야. 이곳 산타마리아 델리 안젤리 성당은 정말 특별한 곳이란다. 성당 안에 그려진 자오선이 정말 눈길을 끄는 곳이기 때문이야. 특히 수학에 관심 있는 사람이나 수학을 연구하는 사람들의 필수 코스지.

영혼의 목욕탕에 가다

산타마리아 델리 안젤리 성당은 바깥 모양부터 특별할 거야. 십자가가 벽에 붙어 있지 않으면 여기가 성당이 맞는지 의문이 들 정도거든. 이 건물이 원래 로마 황제 디오클레티아누스가 지은 목욕장이었기 때문이야. 천장의 높이가 무려 14미터나 되는 로마 시대 최대의 목욕장이었지. 그 건물 터를 활용하여 미켈란젤로가 1563년에 성당을 완공했어. 그리고 1749년에 루이지 반비텔리가 증개축하면서 현재의 모습으로 남아 있단다. 안타

깝게도 미켈란젤로의 흔적은 다 지워져 현재는 볼 수 없어. 정리하자면, 몸의 때를 씻어내던 곳이 영혼의 정화를 위한 곳으로 바뀌었다, 이거지. 그리고 이곳은 또한 현재 우리가 쓰고 있는 달력과 깊은 관계가 있어.

현재 우리가 쓰고 있는 달력은 하루아침에 만들어진 것이 아니란다. 과거 로마는 기원전 7세기에 제2대 왕인 누마가 정비한 태음력을 사용했어. 이것은 달이 차고 기우는 데 따라 1년을 열두 달로 나누는 방법이었지. 1년의 날수는 355일이니까 10일이 남는 셈이야. 남은 날 수는 몇 년마다 한 달을 늘리는 것으로 조정했단다. 하지만 이렇게 해도 차이가 계속 커지더니 기원전 1세기 중반에는 달력상의 계절과 실제 계절 사이에 석 달 가까이 차이가 났어. 그래서 카이사르가 달력을 개정하였단다. 지구가 태양 주위를 한 바퀴 도는 데 걸리는 시간을 365일 여섯 시간으로 계산한 거야. 그래서 365일을 1년으로, 그리고 이것을 다시 열두 달로 나눴지. 1년마다 생기는 여섯 시간의 오차는 4년에 한 번씩 2월 23일과 24일 사이에 하루를 넣어 맞추었고. 그럼 그해 2월은 29일이 되는 거야. 이 달력은 카이사르의 이름을 따서 '율리우스력'이라고 불렀단다. 그리고 이 율리우스력은 나중에 그리스도교의 부활절 날짜에 문제가 될 때까지 사용되었단다.

산타마리아 델리 안젤리 성당의 외관. 본래 목욕장이었던 탓에 외관이 독특하다.

부활절이 달력을 개혁하다

기독교에서 부활절은 십자가에 못 박혀 죽은 예수님의 부활을 기념하는 날이지. 부활은 죄로 인해 죽은 성도가 다시 살아나기 바라는 소망을 담은 중요한 믿음이야. 그러므로 부활절은 기독교인들에게 아주 중요한 날이란다.

초창기에는 부활절이 3월과 4월을 왔다 갔다 해서 불규칙했어. 부활절이 태음력인 '히브리력'에 근거해 유월절을 기준으로 지켜졌기 때문이란다. 325년 로마 가톨릭 교회가 니케아 공의회에서 유월절을 폐지하고 부활절을 춘분 이후 첫 보름 후 안식일 다음 날(일요일)에 지키기로 결정했단다. 태양력을 기준으로 하면 3월 22일부터 4월 25일 사이가 돼.

동서의 종교회의 '니케아 공의회'

소아시아의 니케아에서 동서 교회가 함께 모여 개최한 세계교회회의를 말해. 2차에 걸쳐 열렸는데 제1차 회의 때 부활절의 시기를 결정했대. 세계교회회의에서 결정해야 할 정도였다니, 부활절의 혼란이 중요한 정말 문제였나 봐.

그런데 16세기에 이르러 달력에 의한 춘분이 실제보다 느려지는 문제가 발생했단다. 율리우스력의 오차 때문이었지. 기원전 46년부터 사용한 율리우스력은 4년에 한 번씩 윤년을 두었어. 1년의 길이를 365.25로 계산한 것이야. 그런데 실제 지구의 공전주기는 이것보다 길기 때문에 128년에 1일 정도 차이가 나게 되었지. 그게 누적되어서 중세 때는 오차가 10일 정도나 되었어. 다시 말하면 달력의 날짜들이 실제 지구의 움직임보다 10일 정도 느린 거야. 그래서 교황청이 달력 개혁을 단행한 것이란다. 지금 우리가 쓰고 있는 달력도 여기에 기초하고 있어. 이 달력은 당시 교황의 이름을 따서 '그레고리력'이라 불리게 되었지. 그리고 동시에 부활절 날짜는 3월 22일과 4월 25일 사이의 보름달 후 첫 번째 일요일로 공표하였단다.

1년의 길이를 365.25로 계산하면?

"4의 배수가 되는 해가 윤년이잖아요. 이때는 2월이 하루 늘어서 29일까지인데, 왜 100의 배수의 해는 윤년이 아닌가요?"

"4년마다 윤년을 둔다는 것은 1년의 실제 길이가 365일보다 짧다는 것일까, 아니면 길다는 것일까?" A4 245

"길다는 것이겠지요. 그러니까 4년마다 하루를 늘리는 것 아닌가요?"

"4년마다 하루를 늘리니까 1년으로 치면, 0.25만큼 길다고 봐야겠죠?"

"그러면 실제 1년의 길이는 365.25일이라고 할 수 있겠지. 그런데 100의 배수의 해는 윤년이 아니라고 한 것으로 보아 무엇을 추측할 수 있겠니?" A4 245

"실제 1년의 길이가 365.25일보다 짧다는 것이요. 그런데 얼마나 짧은지는 계산해봐야 해요. 100년에 1일을 줄여야 하니까 1년에는 0.01만큼 영향이 있네요. 그러니까 실제 1년의 길이는 365.24일이라고 할 수 있어요."

"좋아. 그런데 윤년의 규칙이 또 하나 있어. 400의 배수가 되는 해는 다시 윤년으로 쳐. 그러면 실제 1년의 길이를 또 수정해야겠지?"

"네. 그렇다면 400년에 1일이니까 1년에는 0.0025를 늘리면 되겠네요.

그러면 실제 1년의 길이는 다시 365.2425일이 되나요?"

"그래. 정확한 계산이야. 그런데 실제 1년의 정확한 길이는 약 365.242375일이라 하는구나. 그럼 위와 같이 윤년을 정한다면 실제와 약 1일의 오차가 발생하는 데 몇 년이 걸리는지 계산할 수 있겠니?"

"물론이죠. 둘 사이의 차이가 0.000125이고, 이게 1일이 되는 데 걸리는 시간을 구하는 거니까 1을 이 수로 나누면 돼요. 결과는 8,000이 나오네요. 그럼 8,000년 후에 하루 차이가 날 가능성이 있다고 봐야 하나요? 8,000년이라. 아직 멀었네요. 박사님이나 우리가 죽기 전에는 절대 그럴 일이 없겠지만 인류가 8,000년 정도 흘러가면 하루가 어긋나게 되다니, 걱정 되네요."

"걱정은 무슨. 그사이에 누군가가 연구해서 바로잡겠지. 최근 뉴스를 보니까 우리나라 표준과학연구소에서 개발한 '이터븀 광격자 시계'는 1억 년에 1초밖에 오차가 나지 않아 엄청나게 정밀하다고 하니 걱정할 것 없어. 게다가 이 기술은 세계에서 세 번째로 정밀한 결과라고 하더구나. 우리나라 과학기술 수준이 이제 세계 정상과 어깨를 나란히 할 정도라고 볼 수 있겠구나."

"저도 이번 여행을 계기로 열심히 공부해서 세계적인 수학자나 과학자가 될 거예요. 박사님이 제가 성공할 때까지 살아 계시면 좋겠어요. 이번 여행에서 박사님과 나눈 대화와 공부가 제게 많은 영향을 주었으니까요."

햇빛이 만드는 그림 달력

교황 클레멘스 11세는 부활절 날짜를 결정하는 데 있어 그레고리력이 정말 믿을 만한지 알고 싶었단다. 그래서 산타마리아 델리 안젤리 성당에 천문대를 만들기로 결정했지. 벽과 기초도 견고하고, 자오선을 그을 수 있을 정도로 크기도 적당했거든. 밀라노 대성당의 자오선 기억나니? 그곳은 햇빛이 바닥의 자오선을 넘어가는 경우도 있지만 산타마리아 델리 안젤리 성당은 남북으로 길기 때문에 1년 동안 해의 움직임을 관찰하는 데 안성맞춤이었단다.

성당에 들어가면 천장 가까운 벽에 작은 구멍이 하나 있을 거야. 그 구멍을 통하여 정오에 햇빛이 들어오지. 그리고 바닥에 길게 그려진 자오선에 그 빛이 정확히 비춰진단다. 바닥에 그려진 직선의 길이는 45미터나 되지. 선의 한쪽에는 37부터 220까지, 또 다른 쪽에는 20부터 65까지 숫자가 써 있을 거야. 그 숫자에 대해서 박사님과 이야기를 나누어볼 시간이 있을 거란다.

바닥의 직선은 해시계의 역할도 했기 때문에 기도 시간을 지키는 데 도움이 되었단다. 자오선 옆에는 열두 개의 별자리를 뜻하는 문양들도 그려져 있을 거야.

빛이 지나가는 길

"이제 여행의 마지막 지점에 왔구나. 델리 안젤리 성당에는 사실 자오선을 보러 왔다고 해도 과언이 아니다. 밀라노 성당의 자오선과는 다르다고 했던 것, 기억나지?" C6 256

"네. 밀라노 성당에서는 자오선이 벽으로 올라갔었어요. 그런데 여기는 대각선으로 되어 있어서 그런지 양쪽 끝이 다 바닥에 있어요. 정말 대단하다고 말할 수밖에 없네요. 그런데 밀라노 성당에서 설명해주시지 않아 계속 궁금했는데, 자오선은 왜 만든 건가요?"

"궁금하면 찾아봤어야지, 또 박사님께 묻고 있니? 내가 그동안 찾아본 자료로 설명해줄게. 그런데 박사님, 제가 아직 이해 못한 부분이 있어요. 그 부분에서 도와주시면 좋겠어요. 그럼, 시작해볼게요. 자오선은 직선인데, 해의 움직임을 이용한 그림 달력이라고 하지요. 낮 12시에 해가 이 선에 비치니까 해가 남중하는 시각, 즉 낮 12시를 알리는 해시계 역할을 하고, 천장의 작은 구멍으로 들어오는 햇빛이 비추는 곳에 쓰인 숫자를 통해 날짜를 알 수 있거든요."

"누나, 열심히 공부했구나. 나는 그냥 아직도 물어보는 게 편한데. 이

성당 벽 구멍으로 들어온 빛이 자오선 근처 바닥을 비추자 아이들이 빛이 움직이는 모습을 관찰하고 있다.

러니까 발전이 없나 봐. 근데 누나는 다 공부했는데도 궁금한 게 있단 말이야?"

"응. 여기 자오선을 봐봐. 양쪽에 숫자가 쓰여 있는데, 왼쪽에 쓰여 있는 20부터 65까지 숫자는 해가 남중하는 각도라고 이해했는데, 오른쪽에 쓰여 있는 37부터 220까지 수가 뭔지 모르겠어. 박사님, 좀 알려주세요."

"우선 어느 쪽이 여름이고 어느 쪽이 겨울인지를 판단해야 해. 여름에는 해의 고도가 높기 때문에 그림자 길이가 짧고, 겨울에는 반대로 해의 고도가 낮아지니까 그림자 길이가 길어지거든. 그림과 같이 성당 벽에 뚫린 구멍으로 햇빛이 들어오면 여름에는 가까운 쪽에, 겨울에는 먼 쪽에 비칠 거야. 이런 점이 모여서 자오선이 만들어지는데, 매일 그 위치가 달라지지. 자오선 오른쪽에 쓰여 있는 숫자는 해의 남중고도에 따른 탄젠트 값이란다. 정확하게는 구멍 뚫린 벽면의 각에 대한 탄젠트 값이지. 본래 남중고도는 바닥을 비추는 각이니까 벽면의 각은 90도에서 남중고도를 뺀 각이 되지. 이 각을 θ라 하면 그 $\tan\theta$의 값이 나오는데, 이게 수가 작으니까 여기에 100을 곱하여 정수로 만든 값을 기록해놓았단다."

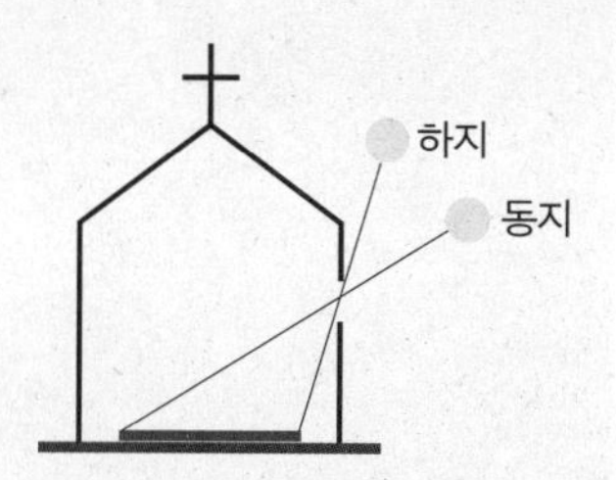

"또 탄젠트가 나오네요. 대충은 이해가 되지만 저로서는 아직 어려워요. 근데 하나는 알겠어요. 왼쪽에 45라고 쓰인 곳 오른쪽은 100이었

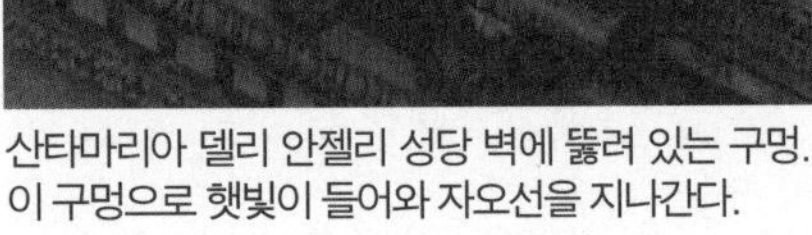

산타마리아 델리 안젤리 성당 벽에 뚫려 있는 구멍.
이 구멍으로 햇빛이 들어와 자오선을 지나간다.

성당 바닥에 그려진 자오선

어요. 그러면 90도에서 남중고도 45도를 뺀 각도는 45도, 탄젠트 45도가 1이라는 것은 알고 있으니까 거기에 100을 곱해서 100이 된 거죠?" C4 254

"그래, 대단해. 초등학생으로서 탄젠트를 정확히 알 필요는 없어. 비율의 관계로 이해하려는 노력만으로 이미 삼각비를 정복할 준비는 다 되었다고 볼 수 있다."

"박사님, 햇빛이 비치는 모양이 타원인데, 왜 원이 아닌지가 궁금해서 고민중이에요. 분명 어디서 이 부분을 경험한 것 같은데, 생각이 날 듯 말 듯해요."

"누나, 타원이라면 피렌체에 있는 아르키메데스 수학박물관에서 봤잖아. 제1관 들어가자마자 가운데 커다란 원뿔이 있고, 밑면과 비스듬히 잘라서 나온 단면이 타원이었어." B4 249

"맞아, 바로 그거다. 정확한 힌트야. 박사님, 이제 햇빛이 왜 타원으로 비추는지 알았어요. 저 구멍은 좁지만 햇빛이 바닥까지 내려오면서 넓어지는 것을 생각하면 원뿔 모양이 돼요. 바닥이 원뿔을 비스듬히 자르고 있으니 그 단면이 타원이 되고요."

"그래. 그런데 원뿔을 비스듬히 자른 단면이 모두 타원이 되는 것은 아니라는 점도 기억해두렴." A4 245

유럽수학체험여행도 이제 종착역이네. 로마에서 트레비 분수, 나보나 광장의 분수와 오벨리스크, 스페인 광장의 조각배 분수, 쌍둥이 건물처럼 보이는 포폴로 광장도 잘 보고 오렴. 이제 너희와 만날 시간이 얼마 남지 않았구나. 마지막 로마의 밤을 잘 정리하기 바란다. 아빠가.

수학체험여행을 다녀온 친구들의 한마디

수학체험여행, 처음에는 별로였는데
수학에 대해 많이 깨달았고
자신감이 생긴 계기가 되었단다.
배운 것을 설명하는 과제가 있었는데,
설명하면서 온전히 내 지식이
되는 것을 느꼈어.

비산초 5학년 **한종우**

수학을 이론적으로만 이용하여
문제 풀기에 급급했던 것을
반성하게 되었어.
일상생활의 문제를 통해
수학을 '경험'하게 되었고
체험을 하기 전보다는
수학적 사고력이 높아진 것 같아.
너희들도 앉아서 풀기만 하는
수학 문제에서 벗어나
직접 경험하고 체험해 봤으면
좋겠어.

남성중 1학년 **옥지현**

수학이라면 학원에서
계산하고 문제 푸는 것만
생각해서 지겨웠어.
그런데 여행을 와서
여러 곳에서 수학을
찾아볼 수 있었고
직접 체험해보니
정말 재미있는 녀석이더라고.
전에는 수학을 틀에 박힌
과목이라고 생각했다면
이제는 틀을 벗어난 곳에서도
볼 수 있다고 생각하게 되었어.

혜화여고 1학년 **김소연**

그동안 수학이 단순히 계산만 하는
과목인 줄 알았는데, 이곳에 와서
생각하고 연구하고 의논해가면서,
문제를 풀어나가는 재미난 과목임을
확실하게 느꼈어.

은명초 6학년**정영현**

한 가지 문제를 해결하기 위해서
하나의 방법만을 사용하지 않고
여러 가지 방면에서 관찰하고
고민하면서 해결하는 것이
즐겁고 유익했어.
높이 재기, 확률과 통계 등
우리 실생활에서 자주 쓰이고
매일 보는 것들을 직접 체험하고
공부하니 수학이 좋아졌어.

오미중 2학년 **서경민**

수학이 내 일상생활 가까이에
다방면으로 쓰인다는 것을
알게 되고 깜짝 놀랐어.

중리초 5학년 **신민경**

수학은 그냥 학교에서
수학책으로만 배우는
과목인 줄 알았는데
내 주변에 모두 수학이
적용되어 있다는 점이
놀라웠어. 이제
수학 시간에 졸지 말고
열심히 배워야겠더라고.

경일중 3학년 **김혜림**

내가 아는 내용이라고
생각했는데 진짜 다
알았던 것은 아니더라고.
그동안 공식만 외우고
비슷한 유형의 문제만
빨리 많이 풀려고 했었어.
이제는 수학의 개념과
원리를 먼저 이해하는 것이
중요하다는 것을
깨달았어.

저동중 3학년 **명다선**

학교에서 배운 수학이
다가 아니라는 것을 깨닫게 되고,
해답을 한 가지 공식에서가 아니라
여러 가지 방법으로 찾을 수 있어서
재미있었어.

풍성중 2학년 **정재한**

수학이 좋아지는 계기가
되었어. 특히 건물의 높이를
재는 체험이 재미있었어.
체험 시간이 너무 짧게
느껴질 정도였다니까.

불암초 5학년 **정성현**

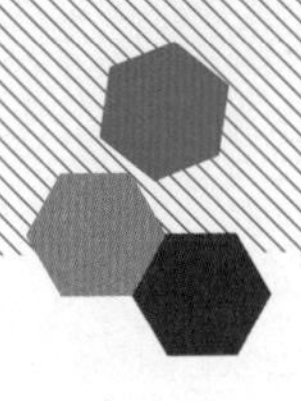

'읽으면 도움 되고 안 읽으면 서운한'

부모와 교사를 위한 수학 학습 길라잡이

CONTENTS

수학 학습지도의 기본 ABC

A1 최고의 부모라면 들어준다. 표현하게 한다. 판단하지 않는다. 기다려준다.

아이들의 수학 학습을 지도할 때 부모들이 가장 힘들어하는 부분은 본인들이 수학을 잘 모른다는 사실입니다. 그런데 부모 자신의 수학 지식에 대한 고민은 부차적인 것입니다. 부모가 수학에 대한 지식이 전혀 없다고 해도 할 수 있는 일은 많습니다.

들어준다. 표현하게 한다.
판단하지 않는다. 기다려준다.

그런데 이 네 가지를 지키는 것이 쉽지 않다고 합니다. 하긴 이게 쉽다면 우리와 아이들 사이에 이렇게 금이 가지 않았겠지요. 결국 아이들과의 관계 회복이 중요합니다. 이 네 가지를 실천하면 아이들과의 관계 회복은 물론 아이들이 스스로 공부할 수 있는 힘도 기를 수 있습니다. 이래도 주저하겠습니까?
아이들의 학습 양태를 보면 두 가지로 나눌 수 있습니다. 하나는 개념에 대한 정확한 이해를 중심으로 하는 개념적 · 관계적 학습 방법, 다른 하나는 문제 풀이를 중심으로 하는 절차적 · 도구적 학습 방법입니다. 어떤 게 우선일까요? 이 질문에 대한 답은 모두 일치할 것입니다. 왜냐하면 문제를 푸는 목적도 결국에는 개념 적용을 연습하는 것이기 때문입니다. 그러나 여기에 함정이 있습니다. 문제를 많이 풀면 개념이 잘 이해될 것이라는 착각입니다.
신기하게도 문제라고 하는 것은 풀면 풀수록 그 풀이 기술이 늘어나 점차 자동화되게 마련입니다. 처음 문제를 풀 때는 개념을 생각하기 때문에 문제를 풀면서 개념이 강화되지만, 그다음부터는 이전의 문제 풀이 기술과 방법을 사용하게 되어 개념에 대한 강화는 전혀 일어나지 않고, 단순하고 지루한 기술 연습을 반복하게 됩니다.
그렇다면 개념 학습의 기본은 무엇일까요? 그것은 설명, 즉 표현입니다. 교사의 설명이 아니라 아이 스스로 자기가 배운 개념을 수시로 설명하고 표현하는 기회를 통해서만 개념은 학습됩니다. 설명이나 표현이 없는 상태로 공부를 계속하면 개념이 강화되기보다 절차적인 학습만 반복될 뿐입니다.
학습에서 가장 중요한 것은 개념에 대한 이해입니다. 모든 개념을 정확히 이해하는 것이 학습의 기본입니다. 그런데 개념끼리는 서로 연결되기 때문에 개념을 이해하고 있으면 자연스레 응용하는 것도 가능해집니다. 전이가 되지요. 그래서 여러 개념이 섞인 문제를 해결할 수 있게 되고, 어려운 문제를 해결할 힘을 기르게 됩니다.
아이가 답을 잘 내더라도 설명 속에 개념적

인 부분이 빠져 있으면 그냥 넘어가지 마세요. 그러기 위해서는 부모나 교사가 아이가 하는 설명의 성격을 파악할 수 있어야 하는데, 부모가 수학을 잘 모르더라도 아이의 설명에 '왜냐하면'이나 '이유'나 '때문'이라는 표현이 들어 있다면 개념을 표현하고 있는 것으로 믿어도 됩니다.

부모나 교사의 최고의 역할은 들어주는 것, 공감하는 것입니다.

학생이 수학 개념을 학습하는 최고의 방법은 부모나 교사에게 설명하는 것입니다.

그래서 아이들에게는 또래 친구나 동생 혹은 부모에게 설명하는 기회를 최대한 많이 만들어주어야 합니다. 이런 기회를 통해서 수학 개념 학습이 강화되고 논리적인 연결이 머릿속에서 이루어집니다.

아이에게 설명을 요구하는 것은 아이를 교사의 자리에 올려주는 것이며, 인격적으로 존중하는 행동입니다. 자연히 자아 존중감도 커가겠지요. 그래서 이를 일명 '선생님 놀이'라고도 합니다.

A2 아이의 자신 있는 표현과 설명에 대한 대응 방법을 갖춘다.

아이에게 설명을 요구했을 때 자신 있게 설명할 수도 있고 잘 모르겠다고 할 수도 있지만, 애매한 경우도 있습니다.

부모나 교사의 정확한 용어 구사와 개념 설명과 달리 아이들의 설명이나 표현은 부정확한 경우가 많습니다. 왜냐하면 학문적으로 정확한 용어와 개념이 아이들 세계의 언어 및 개념과는 차이가 나기 때문입니다.

그래서 허용적인 자세가 필요합니다. 그러면 아이는 지적 수준이 성장함에 따라 점차 정교한 용어를 사용하게 될 것입니다.

그래도 당장 고쳐주고 싶겠지요. 그러나 이 과정에서 자칫 아이에게 상처를 주거나 아이의 기를 꺾게 된다면, 그건 최악의 결과를 낳을 수 있습니다. 가끔 엉뚱한 생각을 얘기하더라도 핀잔을 주거나 무시하는 표현을 하게 되면 이후 대화가 끊길 수 있습니다. 아이는 일단 기분이 상해, 듣기는 해도 받아들이지는 않으면서 어떻게든 그 자리를 피하려 할 것입니다.

아이들을 수정해줄 기회는 아이가 생각을 멈칫하거나 자신 없어 할 때입니다. 엉터리 생각이지만 당당하게 조목조목 따지면서 말하는 경우라면 부모와 교사가 살짝 체크만 해두면 됩니다. 그러면 하루, 이틀 또는 한 달 후에라도 본인 스스로 고쳐옵니다.

"지난번에 내가 엄마한테 이렇게 말했는데, 지금 보니까 잘못된 생각이었어요. 이제 확실히 알았어요. 그게 아니라는 것을."

좀 더 발전적인 대화가 이루어질 수도 있습니다.

"사실 엄마는 알고 있었죠? 내가 틀렸다는 걸. 그런데 스스로 찾아내는 기회를 제공해주려고 할 말을 참아줬다는 거 알고 있어요. 고마워요."

이렇게 고쳐진다면 더 바랄 것이 없습니다. 그러나 아이가 실수하는 바로 그 순간에 화난 표정과 말투로 이를 고쳐주려 한다면 과연 이렇게 고쳐질 수 있을까요? 정서적 거부감이 있는 상태에서는 어떤 학습도 일어날 수 없습니다. 엉뚱한 내용에 대한 직접적인 표현을 자제하고, 아이의 말에서 대화를 이어갈 끄나풀을 찾아내야 합니다. 틀린 답을 말하더라도 그 근거에 대해 물어보며 아이 스스로 자기 답이 틀렸다는 것을 알아차리도록 도와주세요.

그러나 아주 잘못된 생각을 가지고 있다면 어떤 조치가 필요하겠지요. 이때도 아이의 설명을 존중하는 질문에서 시작해야 합니다. "왜 그렇게 생각했는지 더 설명해줄 수 있을까?", "그렇게 되면 그다음은 어떻게 될까?" 이런 질문을 통해 아이는 그 자리에서 스스로 본인의 오류를 깨닫고 스스로 수정하게 됩니다. 동시에 상처받지 않고 자존감도 유지하게 되지요.

A3 개념 설명이 부족한 경우에 대한 대응 방법을 갖춘다.

아이들의 설명 속에는 주로 절차적인 계산만 존재하는 경우가 있습니다. 앞서 개념적인 부분이 빠져 있다면 그냥 넘어가지 말라고 말씀드렸습니다. 개념적이고 관계적인 표현 없이 절차적인 방법으로만 설명하는 경우에는 "왜?"라는 질문을 던져야 합니다. 그래야 아이가 개념을 말하게 됩니다. 그래야 개념 학습이 됩니다.

"왜?"라는 질문에 "그냥 그렇게 하면 돼요."라든가 "선생님이나 책에서 그렇게 하는 걸 봤어요."하고 답변한다면 이 아이는 아직 자기 개념을 가지고 있지 못하다는 증거가 됩니다. 이때는 그 개념이 나온 교과서 부분을 다시 읽고 학습하도록 해야 합니다. 그래서 자기 스스로의 언어로 명확히 설명할 수 있을 때까지 기다려줘야 합니다.

그런데 얼마나 기다려줘야 할까요? 기다린다는 말을 그냥 방치하는 것으로 이해하면 곤란합니다. 아이에게 은근한 압력을 행사해야 합니다. 하루 정도 지나서 다시 물어보세요. 금방 깨우치기가 쉽지 않아 아이가 스트레스를 받을 수도 있겠지요. 그러면 적당한 정도에서 도움을 줄 수도 있고, 직접 가르쳐줄 수도 있습니다. 그 정도가 문제겠지요.

아이가 스스로 공부하는 횟수는 두세 번 정

도가 적당하고, 기간으로는 3~4일 정도가 좋습니다. 그러나 아이가 스스로 해보겠다고 주장하면 1주일도 괜찮습니다. 도움을 줄 때도 두 가지 고민을 해야 합니다. 하나는 최소한의 힌트나 도움만 주고 거기서부터는 스스로 해내도록 하여 성취감을 갖도록 배려하는 것이고, 다른 하나는 모든 것을 시범적으로 가르쳐 아이가 따라 하도록 한 뒤, 어느 정도 기간이 지난 다음에 다시 체크하는 것입니다.

A4 과도한 칭찬보다는 고도의 사고를 요하는 질문으로 다양한 사고를 이끌어낼 궁리를 한다.

아이가 설명하고 표현할 때 부모나 교사는 여기에 덧붙이며 보다 상급의 사실을 알려주려 하지 말고 아이가 현재 상태에서 사고를 확장할 수 있을 만한 질문을 해야 합니다. 이것은 부모나 교사에게 상당한 순발력과 사고력을 요구하지만 하면 할수록 점차 익숙해질 것입니다.

유대인의 교육에서 부모의 역할은 끊임없는 질문의 생산자입니다. 그런데 이 부분은 A1에서 말한 부모의 역할보다 어렵습니다. 왜냐하면 부모도 그런 습관을 갖고 있지 않은 데다 수학적인 지식이나 감각이 부족하면 고도의 사고를 요하는 것 자체가 어렵기 때문입니다. 그런데 부모들을 대상으로 자기 주도 수학 학습 동호회를 운영해본 결과, 부모들의 수학적 감각이 아이들보다 훨씬 빨리 성장하는 것을 확인할 수 있었습니다. 부모는 인생 경험이 많기 때문에 감각적인 면에서 아이들보다 훨씬 유리하기 때문입니다. 따라서 이런 고민을 하는 과정에서 시행착오를 몇 번 겪다 보면 나도 모르게 고도의 사고를 유발하는 질문을 할 수 있다는 자신감을 갖게 될 것입니다.

특히 문제를 해결해서 답이 맞았을 때, 그냥 잘했다고 넘어가면 안 됩니다. 진짜로 맞았는지를 확신하기 전까지는 아이에게 고민을 시켜야 합니다. 이런 경우, 포커페이스를 유지하며 정색을 하고 마치 틀렸다는 듯이 되물어야 합니다.

"정말 그럴까?", "글쎄다.",
"아닌 것 같은데."

부모나 교사의 반응이 호의적이지 않으면 아이는 맞는 답을 수정하기도 합니다. 이건 정확히 알지 못한다는 증거입니다.

그리고 문제를 잘 해결했다 하더라도 다양한 방법, 다른 방법, 괜찮은 아이디어를 계속적으로 요구함으로써 수학 문제를 푸는 것이 단순하게 답만 맞히는 것이 아니라 해법에 대해 다양하게 접근하는 과정이라는 인식을 심어줄 수 있습니다. 한 아이디어의 여러 측면들을 인식하고 한 해법에 대해 다양하게 접근하여 각 접근법의 장점과 단점을 비교하는 과정을 통해 수학의 최적화 과정을 경험하게 될 것입니다. 이런 식의 공부를 통해 부모는 아이가 수학을 융통성 있게 이해하도록 이끌어줄 수 있습니다.

반면 아이가 제대로 설명하고 답을 맞혔다고 해서 과도하게 칭찬하는 것은 역효과를 가져올 수 있습니다. 대부분의 부모는 아이들의 풀이 결과가 맞으면 동그라미를 그리며 "우리 아들 천재야! 100점! 다 맞았네!" 하는 식으로 결과에 대해 칭찬합니다. 여기에 물질적인 보상까지 해주게 되면 아이들은 순수한 내적 동기보다는 외적 동기에 길들여지고 맙니다. 그런데 외적 동기는 갈수록 커지지 않으면 감동을 주지 못하기 때문에 그 효과가 감소하게 됩니다. 아울러 아이도 공부할 동기를 찾지 못하고 방황할 우려가 있지요.

칭찬은 그 과정 중 중요한 단서에 대해 해야 합니다. 수학에 자신이 없는 부모로서는 집중력을 가지고 노력한 부분이라든가, 해답이나 남의 도움 없이 스스로 해낸 부분에 대해서 칭찬하면 됩니다. 수학적인 능력이 있다면 문제 해결 전략이라든가 수학적 개념의 연결성 부분을 칭찬하면 되겠지요.

B1 동기를 유발시키는 질문을 통해 수학적 민감성을 키워준다.

아이들이 수학 공부를 거부하는 이유 중 하나는 수학이 자기들 인생에 별 필요가 없다고 생각하기 때문입니다. 반대로 아이들은 자기가 나중에 커서 써먹을 것은 기를 쓰고 준비하지요. 그러므로 수학이 얼마나 필요한지를 이해시키는 것이 수학을 좋아하게 만드는 중요한 동기가 됩니다. 수학을 좋아하게 되면 수학을 포기하지 않는 것은 물론 아무리 어렵더라도 꾹 참고 열심히 공부하게 됩니다.

그러므로 부모와 교사는 일상에서 수학적 대화의 실마리를 찾아내야 합니다. 이런 대화의 시작이 아이들로부터 이루어진다면 좋겠지만, 많은 경우 부모나 교사가 대화를 만들어내야 할 필요가 있습니다.

이번 여행에서 박사는 아빠가 보낸 이메일과 실제 현지 여행 상황에서 발견할 수 있는 예리한 차이를 순간 포착하여 이야기를 끌어나가기도 하고, 아이들의 대화 속에서, 혹은 현장의 상황 속에서, 지나가는 장면에서 얘기를 포착하기도 합니다. 그리고 그것을 질문으로 승화하여 미끼로 던지면 아이들은 호기심에서 그 미끼를 물게 되고, 이로써 대화가 시작됩니다.

나는 이것을 수학적 민감성이라고 말합니다. 부모에게 수학적 민감성을 가지라고 요구하면 당장은 스트레스가 될 테지만,

살면서 수학적으로 민감한 감각을 기른다고 해서 손해 볼 일은 없습니다. 많은 경우 수학적 민감성은 교양으로도 필요합니다. 우리나라 성인들은 수치 감각이 부족합니다. 특히 두 수 사이의 비율에 관한 감각이 많이 떨어집니다. 금리나 물가에 부정확한 반응을 보이며 민감하지 못한 면도 있습니다. 신문에 나온 그래프의 수치 해석에 약한 모습을 보이기도 합니다.

그런데 조금 신경을 쓰면 새로운 수치가 보입니다. 주가 변동도 수치이고, 선거 때의 선호도나 득표수 모두 수치입니다. 더 간단한 상황도 많습니다. 수학인지 모르고 지나갈 뿐이지요. 그러나 우리 아이가 수학적으로 민감해지기를 바란다면 부모도 그렇게 되어야 합니다.

정리하면, 수학적 민감성이 있으면 일상에서 수학적으로 고민할 거리를 생각해낼 수 있고, 아이들과의 대화 속에서 중요한 단서를 수학으로 연결하는 것이 가능해집니다.

B2 교과서 속 수학 지식을 끄집어내어 사용하게 한다.

수학 응용력이 부족한 아이에 대한 질문을 많이 받습니다. 지식적으로는 알고 있지만 문제 상황이 조금만 달라지면 풀지 못하는 경우라든가 문장제에 나온 조건을 이해하지 못하는 경우에 보통 응용력이 부족하다고 하지요. 실제로 여행 현장 상황에서도 교과서 속 수학 지식을 끄집어내지 못하는 아이들이 많습니다.

수학이 교과서 속에만 머문다면 아이들은 수학의 필요성을 느낄 수 없을 것입니다. 그리고 그것은 산지식이 아니라 죽은 지식으로서 더 이상 생산 능력이 없는 것입니다. 수학적 지식을 살리려면 일상에서 수학 교과서 속 지식을 사용하고 적용해야 합니다. 적용까지는 어렵더라도 인용은 해야 합니다. 즉, 교과서나 문제집 없이도 수학 개념을 통해 대화가 돼야 합니다.

아이들은 이런 기회를 통해 개념을 강화할 기회를 얻게 되는데, 이는 문제를 풀 때 얻어지는 개념 강화 효과보다 큽니다. 그리고 아이들은 이런 기회를 통해 수학의 필요성을 느끼게 되어 수학에 대한 호감, 긍정적인 태도를 갖게 될 것입니다.

교과서 속 수학 개념을 끄집어내는 데는 시간이 필요합니다. 그러나 여행이나 일상에서 수학적으로 연결할 거리를 찾으려 노력하다 보면 모든 것이 다 수학으로 연결됩니다. 그리고 이 정도는 대부분 초등 수학으로 해결되지요.

'밥상머리 교육'을 보통 유치원생에게 권하는데, 유치원 아이들에게도 가능한 교육인 만큼 초등학생이나 중고등학생에게도 얼마든지 적용할 수 있습니다. 물컵을 가지고도 그 모양에 따라 원기둥 또는 원뿔의 부피를 구할 수 있을 테고, 좀 더 깊이 들어가 두 종류의 물컵에 들어가는 부피의 비율도 생각할 수 있을 것입니다. 밥상머리에서 이런 대화가 일어난다면 아이들은 분명 수학을 자연스럽게 받아들이게 될 것입니다.

B3 스스로 해결하여 자기 성취감이 증대되도록 이끈다.

유럽수학체험여행에 참가했던 아이가 쓴 글입니다.

> **내가 이번 수학체험여행을 통해서 얻은 것은 많지만, 가장 나에게 각인된 것은 교과서나 참고서에 말풍선 등을 달아 잔뜩 힌트를 준 것의 폐해였습니다. 그동안 나는 예제 풀이를 꼼꼼히 따라 익히고 그대로 유제를 푸는 습관을 가졌거든요. 그런데 이제는 그런 학습 방식이 나에게 독이 된다는 확신을 갖게 돼서, 앞으로 예제를 풀 때는 풀이를 꼭 가릴 것, 그리고 옆에 힌트가 나와 있으면 절대로 눈을 돌리지 않을 것을 실천할 것입니다. 그리고 뒤의 해답집 풀이를 보고 싶어서 책장을 넘기려는 유혹을 참아내는 힘을 가지게 되었습니다.**

아이들에게 설명을 시키면 대부분은 마무리를 본인이 하고 싶어 합니다. 이게 인간의 자기 주도적인 특성입니다. 자기 주도적인 인간이 따로 있는 것이 아니라 모든 인간은 자기 주도성을 가지고 있습니다. 환경적인 영향으로 이게 점점 사라진다는 것이 문제이지요. 부모의 영향이 클 것입니다. 그리고 아이가 자기 주도적으로 정리한 이후에는, 큰 문제가 없다면 부모나 교사가 더 가르치고 싶고 더 멋있게 정리하고 싶어도 참아야 합니다. 부모나 교사가 마무리하게 되면 아이는 결국 자기가 부족했다고 결론 내릴 것이기 때문입니다. 부모나 교사는 결과가 아닌 과정과 사실을 칭찬하는 것으로 족합니다.
부모나 교사가 주의할 점 중 하나는 아이가 주춤거릴 때 어떻게 도울 것이냐 하는 문제입니다. 이때 직접적으로 가르친다고 해서 아이가 그것을 이해하는 것은 아니므로 기다려주는 것이 가장 좋습니다. 그리고 도움을 준다면 가급적 아이의 사고를 유발할 수 있는 간접적인 질문을 통해 최소한으로 도움을 줘야 합니다. 질문 속에 많은 정보가 있으면 아이가 주춤거리는 상황을 순간적으로 벗어날 수 있겠지만 나중에 거기서 다시 주춤거릴 가능성이 큽니다.

학생들은 남의 도움 없이 또는 최소한의 도움으로 문제를 해결했을 때 성취감을 느낍니다. 이것이 자기 주도적 학습이고요. 성취감이 높으면 스스로 감탄하고 자랑스러운 마음이 일어납니다. 수학을 공부하면서 성취감을 느끼면 수학을 싫어하는 마음을 버릴 수 있고, 그 기쁨을 계속 맛보려는 욕구가 커지기 때문에 수학에 대한 호감이 높아지고 아울러 수학을 공부하는 시간도 늘어나게 됩니다.

항상 어떤 문제를 풀 때 도움과 성취감의 합은 일정합니다. 도움이 많으면 문제 푸는 속도가 빨라지고 진도도 빨리 나가겠지만 성취감은 떨어집니다. 남의 도움이 전혀 없으면 성취감은 100퍼센트일 테고요. 성취감이 높아지면 수학에 대한 호감도가 높아져서 결국 수학을 잘할 수 있게 됩니다. 성취감을 높이는 일은 이렇게 중요한 것입니다.

B4 대화와 협력을 통한 학습을 이용하게 한다.

우리나라 학생들의 학습 양태를 보면 대부분 개인 학습입니다. 경쟁이 심화되다 보니까 자연스럽게 그런 학습 방법이 정착된 것 같습니다. 학습을 지도하는 부모나 교사의 탓이 큽니다. 조용히 독서실에 갇혀 자습하는 경우가 대부분이고, 심지어 수업에서도 30명이 함께 공부하고 있다는 의미가 전혀 존재하지 않습니다. 교사의 일방적인 설명식 수업은 개인 수업과 다를 바 없고, 컴퓨터 모니터 앞에서 공부하는 인터넷 강의와 다를 바가 없습니다.

그러나 혼자 하는 공부가 두 사람이 협력한 결과를 이길 수 없다는 것이 국제적인 연구 결과입니다. 아무리 혼자 열심히 공부해도 두 사람의 생각을 능가할 수는 없으니까요. 더구나 두 사람이 대화를 통해 제3의 아이디어를 도출해내기까지 한다면, 두 사람의 협력은 한 사람의 세 배 이상이 될 수도 있습니다.

최근의 국제적인 연구 결과에서 우리나라 학생들의 협업과 경청 능력이 뒤처지는 것으로 나타났습니다. 개인적인 학습 결과만을 평가하는 풍토에서는 다른 사람과 협력한다든가 다른 사람과 대화하고 토론하는 과정에서 길러지는 경청 능력이 부족한 게 당연하겠지요.

이 여행에서는 참가자들이, 비록 학년은 다르지만, 조별 활동을 통해 협력하는 과정을 경험하게 됩니다. 다른 사람과의 대화만으로도 새로운 아이디어가 떠오르고, 그것을 표현하는 과정에서 수학 개념이 되뇌어지는 것은 물론 교과서 속 수학을 밖으로 끄집어내게 되어 저절로 개념 강화 학습이 일어납니다.
대화와 협력을 위한 조별 활동은 A1에서 말한 표현하게 하는 활동, 설명하게 하는 활동을 증가시키는 데도 도움이 됩니다. 표현이나 설명하지 않고는 수학 개념이 강화되지 않음을 볼 때, 대화와 협력을 위한 조별 활동은 그 의미가 크다고 할 수 있습니다.

C1 수학 학습의 시작은 구체적 조작 활동이다.

20세기 최고의 교육심리학자 피아제는 초등 시절을 구체적 조작기로, 중학생 이후를 형식적 조작기로 분류했습니다. 초등학생은 어떤 개념을 이해할 때 구체적 조작 활동을 통해 이해할 수 있고, 아직 형식적인 추상화 단계를 통해 이해하는 것은 쉽지 않다는 뜻입니다. 그리고 중학생이 되면 구체적인 조작 활동을 통하지 않고 형식적인 추상 활동을 통해서도 어떤 개념을 이해할 수 있다는 것이죠. 그런데 이 말을 확대해석하면 곤란합니다.
초등학교 수학 교과서를 보면 비교적 구체적인 조작 활동을 통해 수학을 직관적으로 가르치고 있습니다. 이에 피아제의 이론이 잘 적용되고 있는 것으로 볼 수 있지만, 학생들이 학습하는 과정에서는 이 이론이 잘 지켜지지 않고 있습니다. 초등 시절 수학은 직관적인 수준에서 활동을 통해 형성되는 정도여야 하는데, 각종 문제집이나 시험에서는 형식적인 공식을 이용하는 것이 유리한 경우가 많기 때문입니다.
중학생 이후의 수학 학습은 어떤가요? 여기서부터는 직관과 구체적 조작 활동보다는 형식적 논리가 중시됩니다. 교과서마저도 형식적인 요소가 강합니다. 그런데 형식적 조작이 너무 빨리 강요되고 있어 문제입니다. 중학생이 아무리 형식적 조작기라 해도 처음 접하는 개념은 구체적인 조작 활동을 통해 보다 쉽게 이해할 수 있습니다. 그리고 중학생이 되면 모두가 형식적 조작기에 완숙하게 들어가는 것도 아닙니다. 속도와 시간에 차이가 있다는 것입니다.
그러므로 중학생이라 할지라도 가급적 어떤 개념을 처음 접할 때는 구체적인 조작 활동을 충분히 체험하도록 배려할 필요가 있습니다. 체험을 통해 몸으로 익히고 감정이 이입되면 형식적인 추상화가 자연스럽게 일어납니다. 그런 면에서 이번 여행은 체험을 통해 수학을 접한다는 콘셉트입니다.
체험여행의 특징은 직접 체험을 하며 깨닫는다는 것이겠지요. 따라서 체험여행은 교과서나 문제집 속에 있는 것을 끄집어낼 수 있는 절호의 기회입니다. 그러므로 부모나 교사는 설명을 최소화하고, 아이들이 체험할 수 있도록 기다려주고 안내해주는 것에 주력해야 합니다. 아이들은 눈앞의 문제를 해결하기 위해 수학을 사용하게 될 테고, 자기도 모르는 사이에 그 싫어하는 수학을 사용하고 있다는 것을 느끼게 될 것입니다. 그리고 수학에 대한 필요성을 느끼며 도처에서 수학을 이용하고 있다는 사실을 깨닫는 것이 중요한 포인트죠.

고등학생에게 쉽지 않은 내용 중 수열이라는 것이 있습니다. 체험을 통해 구체적인 경험을 하는 것이 몸에 밴 아이들은 수열에서도 처음 몇 개의 항을 귀납적으로 구하는 활동으로 수열의 규칙성을 발견한 다음, 이것을 일반화하여 수열의 일반항을 구하게 됩니다. 수학에서 구체적 조작 활동, 귀납적 추론 활동 등은 모두 통하는 면이 있지요.

C2 공부는 집을 떠난 현장학습이 효과적이다.

요즘 아이들은 공부에 매여 있습니다. 학교와 학원, 그리고 자습실을 빙빙 돌면서 공부하는 데 너무 많은 시간을 할애하고 있습니다. 유치원 시절 그렇게 놀기 좋아하던 아이들에게 초등학교 1학년은 공부에 진입하는 악몽 같은 변화일 수도 있습니다. 그리고 일단 시작되면 다람쥐처럼 쳇바퀴 도는 생활이 시작되지요.

유치원 누리과정의 수학은 모든 것을 체험하며 놀이로 접하게 되어 있습니다. 구체적인 수준에서 벗어나지 않지요. 그런데 초등 1학년 수학은 유치원에 비하면 아주 추상적입니다. 일단, 연산이 시작되지요. 덧셈, 뺄셈 기호와 유치원의 수 세기 조작 활동이 충돌하게 됩니다. 이런 상황이지만 밀려드는 연산 학습지 앞에 그냥 무릎을 꿇고 추상화에 적응하기 시작하지요.

이런 생활 패턴을 유지하다 멀리 여행을 떠나는 일은 신나지 않을 수가 없습니다. 하지만 그냥 유럽여행이 아니고 수학체험여행이라고 하니까 시큰둥하게 반응하는 아이들도 있지요. 수학이 싫기 때문입니다. 하지만 나는 우리 여행을 수학 공부나 수학 캠프라고 이름 짓지 않고, 수학체험이라고 했습니다. 자연 속에서 자연스럽게 수학을 체험하게 하고 싶었기 때문입니다. 아무 근거도 없이 교과서나 문제집을 들고 수학 공부 하러 떠나는 것이 아닙니다.

수학체험을 멀리 유럽에 나가서 하는 이유는 유럽여행 자체가 아이들에게 벅찬 감동을 주기 때문입니다. 유럽의 문화와 역사를 온몸으로 느끼면서 수학을 공부하러 간다는 부담감에서 벗어나 자기도 모르게 그 속에 들어 있는 수학을 체험하게 되는 것입니다. 그리고 이렇게 말합니다.

> **수학을 이론적으로만 이용하여 문제 풀기에 급급했었는데, 높이 재기와 같은 일상생활 문제를 통해 수학을 경험하게 되었고, 제 생각이지만 체험을 하고 전보다는 수학적 사고력이 높아진 것 같다.**
> **내가 그동안 배운 수학을 다시 정리하는 계기가 되었다.**
> **실수하는 것이 창피했는데, 이제 실수를 두려워하거나 쉽게 포기하지 않게 되었다. 중학교 때 배우는 내용을 조금 알게 되었는데 그때 조금 더 쉽게 공부하기 위하여 평소 읽지 않는 수학 관련 책을 많이 읽어야겠다.**
> – 호곡초 5학년 박서현

현장학습이라는 것은 현장성, 즉시성의 효과가 있습니다. 현장학습에서 중요한 것은 체험을 수학적 내용으로 연결시키는 것입니다. 현장 체험이 수학화되지 않으면 여행 후에도 남는 것이 없을 것입니다.

평소 마음을 잘 열지 않는 아이들도 유럽 현장에서는 대부분 마음을 열게 마련입니다. 교과서나 문제집을 벗어나 정답이 없는 실제 상황 속에서 생각하고 고민하는 것은 지금 자기에게 닥친 일을 해결하는 것이기 때문에 거부하지 않는 것입니다. 남의 일이 아니라 바로 내 일이기 때문에 자기 자신과 관련을 맺을 수 있습니다. 그런데 그게 수학이었다는 사실에 놀라는 것이지요.

C3 무조건적인 공식 암기는 달콤할 뿐이다.

흔히 수학 개념은 그 자체를 깊이 있게 이해하기보다 문제 푸는 과정을 통해 형성되는 것으로 여겨져 교과서에는 예제가 구성되어 있습니다. 하지만 아이들은 개념을 정확히 이해하지 못한 상태에서 문제 푸는 방법을 배우기 때문에 개념의 결과인 공식이나 법칙을 이용할 가능성이 많습니다. 그리고 그 차이를 심각하게 느끼지 못하지요.

수학 교과서를 제외한 많은 참고서나 문제집에는 개념에 대한 다양하고 자세한 설명이 없습니다. 그런 설명은 교과서에 나와 있기 때문이지요. 참고서나 문제집의 역할은 교과서가 다 하지 못하는 부분, 교과서에서 뭔가 부족한 부분을 채워주기 위한 것이기 때문에 교과서에서 설명하고 있는 개념을 다시 설명하지 않습니다. 그런데 아이들은 교과서 개념 학습을 소홀히 하지요.

수학 개념을 충분히 이해하지 않고 결과나 공식만 암기하면 공식이 나오게 된 배경이

나 이유를 기억하지 못하게 됩니다. 수학 개념 학습과 공식 암기가 병존하지 못하는 것이지요. 공식을 암기하여 문제를 풀면 쉽게 풀리기 때문에 더욱 많이 사용하게 되지요. 그러나 공식은 개념에서 나온 것이기 때문에 공식을 이용하면 개념을 이용하지 않게 되고, 나아가 개념 이용하는 것을 귀찮아하게 됩니다.

교과서의 개념 학습과 공식 암기는 반드시 병존해야 합니다. 프로테니스선수나 프로야구선수들도 수시로 레슨을 받습니다. 레슨을 해주는 코치가 선수보다 잘할 리 없지만 시합만 계속하다 보면 기본자세가 흐트러지기 때문에 레슨을 통해 기본자세를 바로잡는 것입니다. 레슨은 수학에서 보면 개념 학습입니다.

한편 시합을 하다 보면 이기려는 생각에 나름의 숙달된 기술을 사용하게 되고, 자기만의 기술을 개발하기도 하지요. 시합은 수학에서 문제를 푸는 것과 같습니다. 답을 맞히고 싶은 욕심에 나름의 문제 풀이 기술을 개발하기도 하고 공식을 암기하여 적용하기도 하겠지요. 그러나 수학 개념을 사용하지 않기 때문에 개념은 점점 도태되어갈 것입니다. 가장 좋은 방법은 공식을 사용하는 순간마다 수학 개념을 되새기는 것입니다. 공식을 사용하기 전에 그 공식을 만들어낸 수학 개념을 생각해서 되새기는 작업만으로도 수학 개념은 강화됩니다.

가능하다면 공식을 이용하지 않고 개념만으로 문제를 풀어본 후에 공식을 이용하여 다시 풀고 똑같은 결과가 나온다는 사실을 확인하는 것도 아주 좋은 방법입니다.

예를 들어 중학교 1학년에게 두 수 12와 30의 최대공약수를 구하라고 했습니다. 최대공약수의 개념은 두 수의 공약수 중에서 가장 큰 수지요. 그러므로 개념에 의해서 문제를 해결하려면 두 수의 공약수를 모두 찾아야 합니다. 두 수의 공약수를 찾으려면 먼저 각각의 약수를 구해야겠지요. 12의 약수는 1, 2, 3, 4, 6, 12이고 30의 약수는 1, 2, 3, 5, 6, 10, 15, 30입니다. 이제 공약수 1, 2, 3, 6이 눈에 보입니다. 그리고 이 중 가장 큰 공약수인 6이 최대공약수입니다.

이 문제를 공식으로 풀어보지요.

```
2) 12  30
3)  6  15
    2   5
```

두 수를 공통으로 나눕니다. 처음에 12와 30을 2로 나누면 그 결과는 각각 6과 15가 되지요. 다시 3으로 나누면 각각 2와 5가 되지요. 그런데 두 수 2와 5를 공통으로 나누는 수는 더 이상 없으므로 나누는 작업은 여기서 끝납니다. 그리고 나누는 수로 사용된 2와 3을 곱한 6이 최대공약수가 됩니다.

두 방법을 비교하면 아주 간단하게 그 차이를 이해할 수 있지요. 만일 아이가 두 번째 방법으로 풀었다면 왜 6이 최대공약수인지

물어야 합니다. 이때 아이는 최대공약수의 개념을 처음 생각하게 되고, 자기가 공식으로 푼 것과 최대공약수의 개념을 연결시키기 위해 사고를 하기 시작합니다. 여기서 공식과 개념을 잘 연결시킬 줄 아이는 효과적으로 공부해온 것이고, 연결이 안 되는 아이는 개념이 사라져가는 상태인 것입니다.

C4 맹목적인 선행학습과 충분한 이해 학습에는 차이가 존재한다.

선행학습에 대한 맹목적인 믿음이 걱정입니다. 그 효과에 대한 잘못된 판단이 가장 큰 문제이지요. 우리나라 시민들의 통계적인 사고 능력은 다른 나라에 많이 뒤처집니다. 그 이유가 최근 수학과의 국제적인 교육과정 비교 분석에서 나타나고 있습니다. 우리나라의 수학과 교육과정은 통계 영역을 제외한 다른 영역은 많이 가르치는 편에 속합니다. 그런데 통계 영역은 다른 나라의 절반 정도에 그칩니다.

선행학습을 거친 아이들이 좋은 대학에 가는 사례가 선행학습형 사교육시장에서 부모들을 끌어들이는 수단으로 이용되고 있습니다. 좋은 대학에 가는 아이들 모두가 선행학습을 했다 해도 이는 통계적으로 타당한 결론이 아닐 수 있습니다. 실제로는 좋은 대학에 가는 아이들 일부가 선행학습형 사교육을 받았을 것입니다. 그런데 좋은 대학에 갈 수 있었던 원인에는 여러 가지가 있습니다. 잠재 능력, 꾸준한 노력과 성실성, 학교생활에 대한 충실성 등 다양하고 복합적인 이유에서 좋은 대학에 갔다고 보는 것이 종합적인 판단일 것입니다. 그런데도 사교육 시장의 선전 문구에는 좋은 대학에 들어가게 한 원인으로 선행학습만이 제시되고, 이를 믿는 부모들이 아이들을 선행학습형 사교육으로 내몰고 있어 걱정입니다.

수학체험여행에서는 초등학생이 중학교 1학년 내용을 자연스럽게 이해하게 됩니다. 그래도 이런 것을 선행학습이라고는 하지 않지요. 아이가 스스로의 경험을 통해 개념을 충분히 이해했다면 상식이요, 교양일 뿐입니다. 그리고 아이는 그것을 언제든 사용할 수 있는 능력을 소유하게 된 것이지요.

선행학습에서는 아이에게 충분한 경험과 시간을 제공하지 않습니다. 그럴 만한 여유가 없기 때문입니다. 그래서 수학 개념에 대한 자세하고 다양한 학습보다는 주로 기술적이고 절차적인 방법을 가르칩니다. 개념에 대한 이해가 충분하지 않은 상태에서 절차적인 학습을 많이 하게 되면 나중에 개념을 이해하는 데 방해가 될 수 있습니다.

대부분의 아이들은 초등 5학년 때부터 앞

에서 나온 최대공약수 공식에 익숙합니다. 그런데 중학교 1학년에서 최대공약수를 다시 배웁니다. 소인수분해라는 개념을 이용하여 최대공약수를 다른 방법으로 구하는 과정이지요. 이것은 보다 큰 수의 최대공약수를 구할 때 유용한 방법입니다. 그런데 중학교 1학년 이후의 아이들에게 비교적 큰 수의 최대공약수 문제를 주면 어떻게 풀어야 하겠습니까? 소인수분해를 이용해야 하지요. 하지만 90퍼센트 이상이 초등 5학년에서 배운 공식을 사용합니다.

심지어는 두 수를 소인수분해 하여 2×5×13×31, 3×7×13×31과 같이 주고 최대공약수를 구하라고 해도 공통인 인수 13과 31을 찾아내 곱하지 않고, 두 수를 각각 곱해 4030, 8463으로 고친 다음 최대공약수 공식을 사용하여 두 수를 공통으로 나누는 수를 찾습니다. 하지만 두 수를 공통으로 나누는 가장 작은 수가 13이기 때문에 암산으로 찾지 못하면 최대공약수가 없다고 하거나 그나마 최대공약수를 조금 아는 아이는 1이라고 하지요.

체험여행에서는 아이들이 체험과 조별 활동, 그리고 선배들의 풀이를 통해 보고 배우게 됩니다. 그래서 초등학생이라 할지라도 스스로의 체험과 논리적인 연결의 확장으로 상급 학년의 개념을 이해할 수 있습니다. 직접적인 체험과 토론, 그리고 충분한 이해 과정을 거친 학습 결과는 급하게 진행되는 선행 학습과 같지 않습니다. 그리고 이런 상황에서 상급 학년 개념을 학습하는 기회를 억지로 막을 필요는 없습니다. 상급 학년과의 대화는 자동적으로 아이의 개념 이해를 확장시키는 기회가 되기도 합니다.

> **"나는 오벨리스크 높이를 잴 때 비례를 이용했는데, 형들이 탄젠트를 계산한다고 해서 처음에는 무슨 비법이 있는 줄 알았어요. 그런데 알고 보니 높이와 밑변의 비율을 탄젠트라고 할 뿐이더라고요. 중3에서 배운다는데, 그거 꼭 중3에서 배워야 하나요? 나도 탄젠트를 형들과 똑같이 사용할 수 있는데요."**
>
> – 오마초 6학년 서종민

C5 국소적 조직화를 활용한다.

최근 국제적인 수학 교육의 흐름을 잡아준 사람은 네덜란드의 프로이덴탈입니다. 프로이덴탈의 《현실주의 수학 교육론(RME, Realistic Mathematics Education)》에는 여러 가지 이론이 나오는데, 그중 하나가 국소적 조직화 이론입니다. 수학은 공리로부터 출발하여 정의를 정하고, 그로부터 정리와 법칙 등을 생산해내는 논리적이고 연역적인 구조의 학문입니다. 논리적이고 연역적인 구조는 하나의 거대한 고리를 형성하는데, 아이들은 이 수학의 논리구조를 통찰할 능력이 없다는 것이 국소적 조직화 이론의 출발입니다.

그래서 논리를 짧게 잘라 순간적으로 이용할 수 있도록, 거대한 논리는 모르더라도 국소적으로나마 논리적인 사고를 해낼 수 있도록 해주자는 주장입니다. 그러면 많은 아이들은 논리적인 사고가 무엇인가를 경험할 수 있게 될 것입니다.

예를 들어 다각형 내각 크기의 합을 구할 때 처음 삼각형에서 출발했으니 매번 삼각형만 이용해야 한다는 것은 거대한 논리입니다. 하지만 국소적으로 보면 꼭 그럴 필요는 없습니다. 교과서에는 삼각형을 이용하는 것만 주어지지만 현재 아이들이 가진 지식 모두를 이용하면 삼각형뿐만 아니라 사각형, 오각형을 이용할 수도 있습니다. 수학자나 어른들과 달리 아이들의 논리적 조직은 국소적이고 순간적으로 일어날 수 있다는 것입니다. 직전에 사각형이나 오각형을 배웠다면 그것을 팔각형에 적용하는 것이 자연스럽다는 것입니다.

피타고라스 정리를 정확히 배우는 시기는 중3이지만 아르키메데스 수학박물관에서의 체험은 피타고라스 정리를 이해하는 좋은 기회가 됩니다. 학교에서 교과서로 아무리 잘 배웠어도 수학박물관에서의 체험은 이길 수 없습니다. 수학박물관 체험 이후의 여정에서 아이들이 피타고라스 정리를 종종 사용한다는 것이 그 증거입니다.

아이들이 수학을 배웠다고 해서 필요한 순간에 써먹는 것은 아닙니다. 필요한 순간에 교과서 속 수학을 끄집어내는 아이는 극히 일부입니다. 수학박물관에서의 체험만으로는 아직 피타고라스 정리가 완벽하게 학습되지 않았을 것입니다. 그러나 아이들에게는 그것이 하나의 사실로 받아들여졌기 때문에 이후에 이용하는 것입니다. 수학적으로는 공리가 되었다는 뜻이지요.

C6 수학 개념은 연결되어야 효과적이다.

수학에는 개념이 많습니다. 그런데 이들 개념은 서로 연결됩니다. 만약 이 많은 개념을 연결시키지 않고 독립적으로 배운다면 아이들의 머리가 어떻게 되겠습니까? 반대로 이들 개념을 최대한 연결시키면 또 어떨까요? 대답은 명확하지요. 최대한 연결시키는 것이 효율적입니다. 그리고 수학은 그렇게 연결되도록 구조화되어 있어요.

이 글은 여행을 통한 경험이 연결되도록 구성되어 있습니다. 예를 들어 높이를 측정하는 장면에서 사용하는 수학은 수준에 따라 서로 다른 것처럼 보이기도 합니다. 그래서 여행 스케줄과 체험 활동을 연결시키려 하였습니다. 높이를 측정하는 가장 간단한 방법은 막대 그림자를 이용하여 피라미드 높이를 측정하는 것입니다. 교과서에 읽을거리로 제공되어 있는 내용이지요. 교과서에서 글과 그림을 같이 보았을 것이므로 가장 쉽게 이용하고 이해할 수 있을 것이라 판단한 것이지요. 그래서 피라미드가 있는 이집트 대신 그것의 모형을 본떠 만든 루브르박물관 출입구를 첫 체험지로 택한 것입니다. 그리고 여기서는 간단하게 마무리하고 좀 더 높은 수준의 측정 활동을 예고하고 있지요.

그림자는 해가 떠 있는 맑은 날 낮에만 가능한 조건입니다. 날씨가 흐려서 해가 없거나 해가 진 이후의 밤 시간에는 불가능합니다. 측정 활동은 콩코르드 광장의 오벨리스크에서 이어지는데, 여기서는 해의 유무에 관계없이 항상 높이를 잴 수 있는 방법을 찾아야 합니다. 그리고 오벨리스크와 피라미드는 높이를 재어야 하는 꼭대기의 바로 수직인 밑까지 접근이 가능하다는 조건을 가지고 있습니다. 그래서 산과 같이 그 속에 들어갈 수 없는 경우 높이 재는 방법에 대한 질문을 남겼지요.

그다음 측정 활동은 에펠탑입니다. 에펠탑 전경이 가장 잘 보이는 곳은 에펠탑과 센 강을 사이에 둔 샤요궁 앞 광장입니다. 여기서 에펠탑을 배경으로 사진을 찍으며 강 건너 에펠탑의 높이 재는 방법을 구해보도록 제안했지요.

세 가지 상황을 이어보면 각각에 쓰이는 수학적 수준에 위계가 있습니다. 피라미드에서는 닮음과 비례를 이용하게 되는데, 이는 초등학교 5학년과 중학교 2학년에서 다루어집니다. 오벨리스크에서는 삼각비를 이용하게 되는데, 이는 초등학교 5학년과 중학교 3학년에서 다루어지지요. 에펠탑의 높이 측정에는 삼각함수를 이용하게 되는데, 이것은 초등학교 5학년과 고등학교에서 다루는 내용입니다. 그런데 이 세 가지 측정 활동을 연결하는 것은 초등학교 5학년에 나오는 합동인 삼각형을 그리는 작업입니다.

수학은 이렇게 저학년에서 배우는 개념과 고학년에서 배우는 개념이 서로 연결됩니다. 이걸 연결시키지 않고 각각 따로 학습하는 아이들의 입에서는 공부할 것이 너무 많다는 불평이 나오지요. 반대로 이들의 연결성을 꿰뚫은 아이들은 "수학은 공부할 것이 많지 않고, 공부하는 데 걸리는 시간도 가장 적은 과목"이라며 좋아한답니다.

C7 수학 개념의 뿌리는 초등에 있다.

중고등학교에 나오는 개념을 잘 이해하지 못하는 아이들에게는 초등 수학의 개념이 부족한 경우가 많습니다. 예를 들어 확률 개념이 부족한 아이에게는 초등학교 3학년에서 처음 배우는 분수의 개념이 명확하지 않습니다. 분수 $\frac{1}{3}$이라는 개념은 그리 간단한 것이 아닙니다. 한 개를 세 조각으로 나눈 것 중 하나를 $\frac{1}{3}$이라고 생각할 수 있지만, 이런 아이는 주사위가 아닌 지우개를 던졌을 때도 어느 한 면이 나올 확률을 $\frac{1}{6}$이라고 생각할 것입니다.

지우개를 던졌을 때라고 단서를 주면 퍼뜩 $\frac{1}{6}$이 아니라고 말하는 것처럼 아닌 것이 명확하게 구별되는 상황이라면 제정신에 $\frac{1}{6}$이라고는 하지 않겠지만, 상황이 복잡하고 꼬여 있으면 여러 관계가 어슴푸레 보이기 때문에 실수를 하게 됩니다.

$\frac{1}{3}$은 초등학교 3학년 교과서에 명확하고도 정확하게 나옵니다. 분수는 등분(等分)입니다. 똑같이 나누어야 한다는 것이 중요한 조건입니다. 초등 교과서를 보면 '똑같이'라는 조건이 아주 정확하게 들어 있습니다. 그런데 이런 것들, 즉 정의는 부정해봐야 그 중요성을 알게 됩니다. 똑같이 나누지 않아봐야 왜 똑같아야 한다는 조건이 필요한지 알게 되는 것이지요. 이것은 일종의 자기 주도적 체험입니다.

전체를 똑같이 2로 나눈 것 중의 1을 $\frac{1}{2}$이라 쓰고, 2분의 1이라고 읽습니다.

오른쪽에서 색칠한 부분은 전체를 똑같이 3으로 나눈 것 중의 1입니다. 이것을 $\frac{1}{3}$이라 쓰고, 3분의 1이라고 읽습니다.

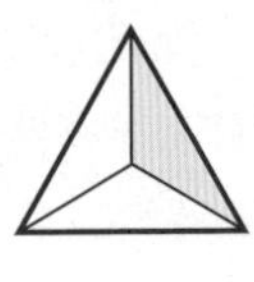

$\frac{1}{3}$ → 색칠한 부분의 수 / → 전체를 똑같이 나눈 수

어떤 행위가 나쁘다고 해서 부모가 미리부터 체험조차 하지 못하게 막아버리면 아이는 그 행위가 왜 나쁜지 인식하지 못합니다. 그러면 어른이 되어 자기가 주도권을 가지게 될 때 나쁜 행위를 아무 생각 없이 하게 되지요. 그러고도 나쁜 일인 줄 모르는 경우와 마찬가지예요. 그래서 수학 공부는 철저히 체험하고 정의를 부정해보면서 주어진 조건의 중요성, 필요성을 몸으로 느껴야 고등학생이 되어서도 그 개념을 정확히 사용할 수 있습니다.

이런데도 초등 개념을 우습게 여기며 초등 개념이 아직 부족한 아이에게 중학교 선행학습을 시키고 있는 것입니다. 특히 6학년에 집중적으로 나오는 비율 개념은 중고등학교 시절에는 생기지 않습니다. 그때는 비율이 많이 나오기 때문에 모든 비율을 각기 다른 것으로 여기지요. 각각을 이해하기도 쉽지 않은데 초등학교 때의 비율 개념, 전문적인 용어를 사용하자면, 비례적

추론 능력을 키울 기초가 쌓이지 않는 것입니다.

삼각형 넓이를 구하는 공식은 어른이 되어도 잊지 않고 기억합니다. 밑변×높이÷2이지요. 사다리꼴 넓이 구하는 공식도 마찬가지입니다. 하지만 두 공식에 나온 밑변이나 윗변, 아랫변의 정의를 기억하는 어른은 좀처럼 없습니다. 심지어 중고등학교 수학 교사들조차 이 세 용어를 정확히 알고 있는 경우가 드뭅니다. 왜일까요? 이 용어가 초등학교에서 나왔기 때문입니다. 초등에서 배운 용어는 반복되어 정의되지 않습니다. 이것이 우리나라 수학 교육에서 정한 용어 정의 기술 방식이에요. 반면 다른 나라 교과서에는 이전에 배운 개념을 반복한 후에 새로운 개념을 배우게 되어 있어요. 그래서 교과서가 두꺼운 나라가 많지요.

모든 것은 처음 배울 때 제대로여야 합니다. 초등학교 때는 개념을 폭넓게 익혀야 해요. 여러 가지 체험이 곁들여진 풍부한 경험을 통해 개념이 형성되어야 해요. 이렇게 하기에도 초등학교 시절이 여유가 있지는 않습니다. 그런데 어느 시간에 그 폭넓은 경험을 하고 중고등학교 수학을 선행하는지 모르겠습니다. 우리 아이들은 모두 슈퍼맨인가 봅니다.

지은이 | 최수일 · 박일
그림 | 조경규

초판 1쇄 발행일 2014년 5월 16일
초판 3쇄 발행일 2017년 10월 20일

발행인 | 한상준
기획 | 임병희
편집 | 김민정 · 이현령 · 윤정기
디자인 | 김경희 · 조경규
마케팅 | 강점원
종이 | 화인페이퍼
제작 | 第二吾

발행처 | 비아북(ViaBook Publisher)
출판등록 | 제313-2007-218호(2007년 11월 2일)
주소 | 서울시 마포구 월드컵북로6길 97 2층 (연남동)
전화 | 02-334-6123 팩스 | 02-334-6126 전자우편 | crm@viabook.kr
홈페이지 | viabook.kr

ISBN 978-89-93642-57-5 03410

• 이 도서의 국립중앙도서관 출판시도서목록(CIP)은 e-CIP홈페이지(http://www.nl.go.kr/ecip)와 국가자료공동목록시스템(http://www.nl.go.kr/kolisnet)에서 이용하실 수 있습니다.
(CIP 제어번호 : CIP2014014213)

z=a+bi
b
a
y = ax²+bx+c
x₁,₂ = (−b ± √D) / 2a
A ∧ B
1 1 1
1 0 0
0 0 1
0 0 0
φ'(x) dx = ∫ f(u) du
P(A|B) = P(A∩B) / P(B)
k=0
+ ... + a₁x + a₀
... + b₁x + b₀
281828

$y = \cos x$

$z^n = |z|^n (\cos\varphi + i\sin\varphi)$

$P(A) = \sum p(\omega$

$\omega \in A$

1. $A \cap B'$
2. $A \cap B$
3. $A' \cap B$
4. $A' \cap B'$

$S_n = a$

$V(k,n) = \frac{n!}{(n-k)!}$

$\vec{u} + \vec{v}$

$(a+b)^n = \binom{n}{0} a^n b^0 + \binom{n}{1} a^{n-1} b^1 + \binom{n}{2} a^{n-2}$

$e =$

$\int f$

$y = \frac{a_m x^m + a}{b_n x^n + b_{n-}}$

$\lim_{n \to \infty} a_n = a$

$\bar{z} = \sqrt[n]{z_1 \cdot z_2 \cdot \ldots \cdot z_n} =$

$P(A \cap B) = P(A) \cdot P(B)$

1+cos x
b
z=a+bi
a
n
k
a n-k b k
k=0
a 0 b n =
n n
+
a 1 b n-1
n n-1
y = ax2+bx+c
A ∧ B
1 1 1
1 0 0
0 0 1
0 0 0
x1,2 = -b±√D / 2a
3281828
(x)) φ'(x) dx = ∫f(u) du
+...+a1x+a0
...+b1x+b0
P(A|B) = P(A∩B) / P(B)
A
y

$z^n = |z|^n(\cos\varphi + i\sin\varphi)$

$y = \cos x$

$P(A) = \sum p(\omega$

$\omega \in A$

1. $A \cap B'$
2. $A \cap B$
3. $A' \cap B$
4. $A' \cap B'$

A 1. 2. 3. 4. B

$S_n = a$

$V(k,n) = \frac{n!}{(n-k)!}$

$\vec{u} + \vec{v}$

A $\vec{u}$ B $\vec{v}$ C

$(a+b)^n = \binom{n}{0} a^n b^0 + \binom{n}{1} a^{n-1} b^1 + \binom{n}{2} a^{n-2} b$

$e =$

$\int f$

$y = \frac{a_m x^m + a}{b_n x^n + b_{n-}}$

$\bar{z} = \sqrt[n]{z_1 \cdot z_2 \cdot \ldots \cdot z_n} =$

$\lim_{n \to \infty} a_n = a$

$P(A \cap B) = P(A) \cdot P(B)$